## DVD 内容と使い方



付属のDVDには音声付きの動画が収録されています。この本で紹介されたご本人が登場し、つくり方、使い方などについてわかりやすく実演・解説していますので、ぜひともご覧ください。

### DVDの内容 全67分

パート1

**竹炭は竹林の中でやく**
山本流 荒れた竹林再生法

静岡県 山本剛さん

19分

［関連記事 52ページ］

パート2

**1m切りで竹を枯らす**
簡単・安全 話題沸騰の新技術

群馬県 菊川照英さん

11分

［関連記事 60ページ］

パート3

**竹パウダーをつくる・使う**
安価な手づくり製造機

徳島県 武田邦夫さん

17分

［関連記事 16ページ］

パート4

**つくってみよう竹テント**
組み立て式で
イベントにもぴったり

NPO法人 トージバ

20分

［関連記事 48ページ］

### DVDの再生 付属のDVDをプレーヤーにセットするとメニュー画面が表示されます。

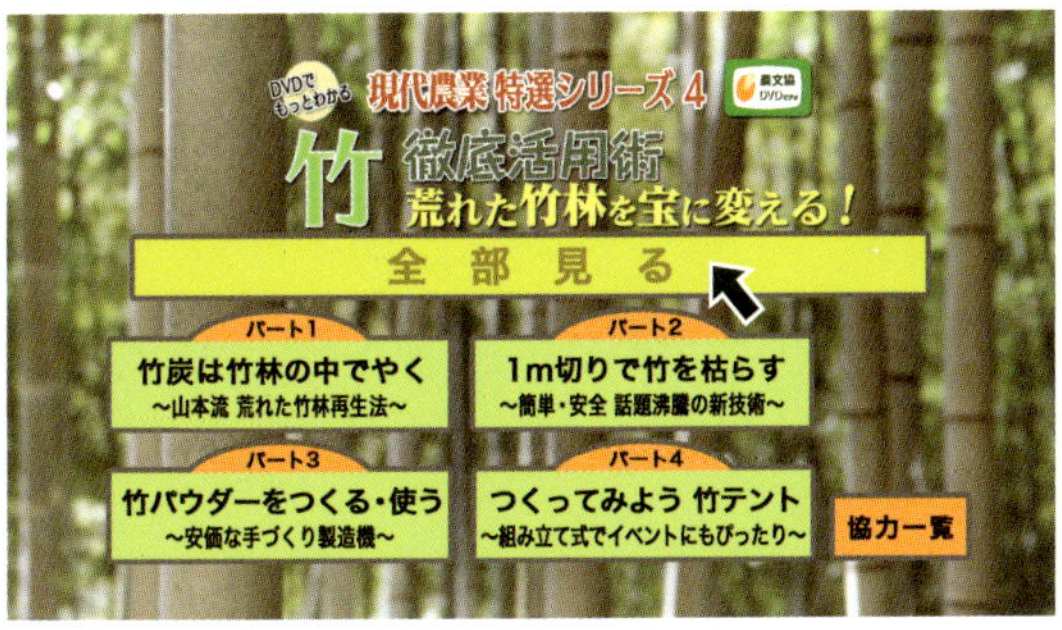


「全部見る」を選択。ボタンがうす黄色に

**全部見る**

「全部見る」を選ぶと、DVDに収録された動画（パート1～4 全67分）が最初から最後まで連続して再生されます。

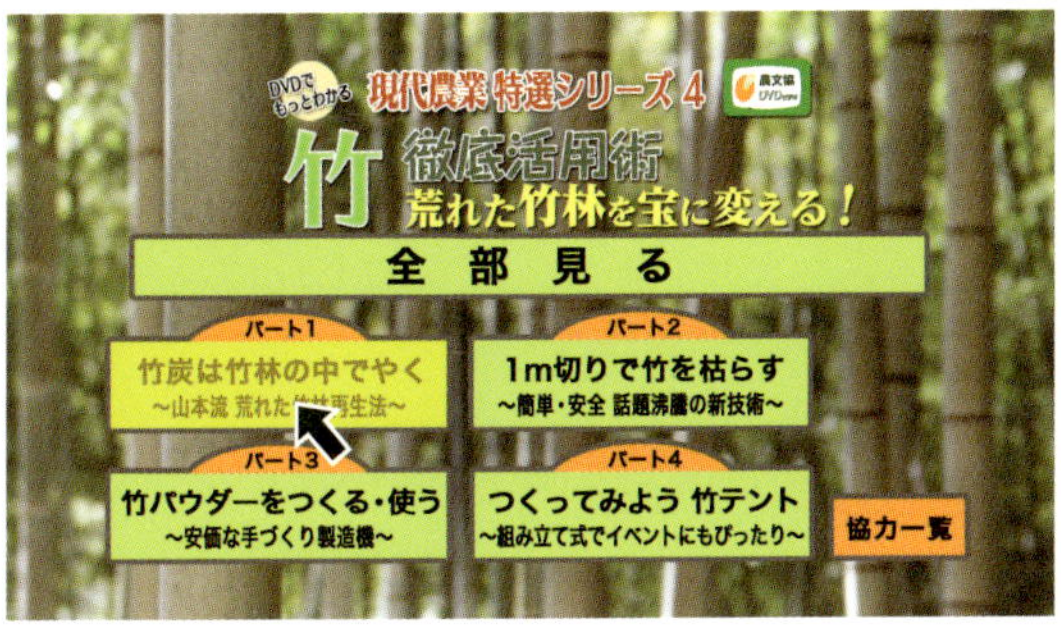


「パート1」を選択した場合

**パートを選択して再生**

パート1から4のボタンを選ぶと、そのパートのみが再生されます。

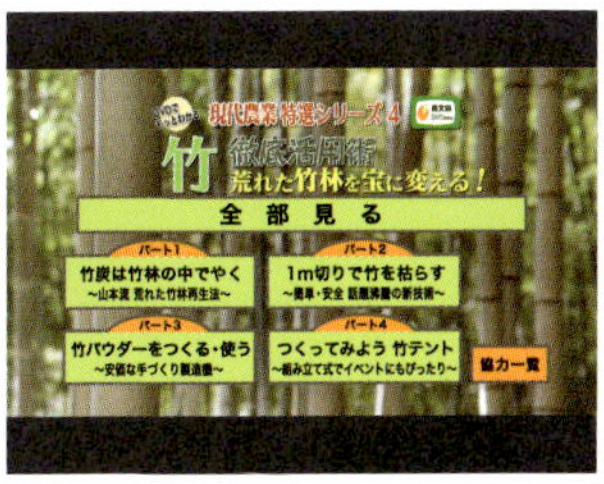

4：3の画面の場合

※このDVDの映像はワイド画面（16：9の横長）で収録されています。ワイド画面ではないテレビ（4：3のブラウン管など）で再生する場合は、画面の上下が黒帯になります（レターボックス＝LB）。自動的にLBにならない場合は、プレーヤーかテレビの画面切り替え操作を行なってください（詳細は機器の取扱説明書を参照ください）。

※パソコンで自動的にワイド画面にならない場合は、再生ソフトの「アスペクト比」で「16：9」を選択するなどの操作で切り替えができます（詳細はソフトのヘルプ等を参照ください）。

このDVDに関する問い合わせ窓口　**農文協DVD係：03-3585-1146**

# 目次



DVDでもっとわかる
現代農業 特選シリーズ 4
竹 徹底活用術
荒れた竹林を宝に変える！

## 暮らしに活かす



## 竹山を管理する

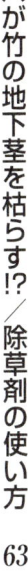

# 竹が好き！

兵庫県姫路市・井垣重信さん

井垣重信さんが竹にいよいよハマったのは、一三年前、車の追突事故で最愛の奥さんとお母さんを同時に亡くした直後のことだ。二人いっぺんのお葬式には弔問客も大勢訪れたが、もてなし用のご飯がけっこう余り、井垣さんはとりあえず近くの竹林に捨てておいた。十二月の初めのことだ。

その後は大惨事の後片付けに忙殺されてすっかり忘れていたのだが、一月半ば過ぎにふと、ご飯のことを思い出した。気になって竹林に行ってみると……、なんと真っ白いカビ！　そのままで甘酒ができそうなこうじそのもの！　これが噂に聞く**「竹林の土着菌」**か――。

「ああ、あいつら二人、死んでも無駄な死に方せんで、ちゃーんと僕に大事なことを教えてくれたんだなって、感謝しました」。今でもこの話をすると、のどが詰まり、声が震えてしまう井垣さんである。

何せそこからだ。竹林の土着菌でボカシ肥が上手にできることがわかってからは、何回もご飯を置いて、土着菌をトラップした。だが、不思議なことに毎回ご飯に生える菌が違う。最初のうちは真っ白できれいなカビだったが、だんだん紫や赤のカビが生えることが増えてきた。「何でやろー？　何でうまくいかんのやろー？」

いろんな人にたずねまわるうちに、「温度が違うと菌も違うんや。モモなるときとクリなるときとカキなるときじゃ、季節も違うやろ。自然ってもんはそういうもんや。菌だって変わるわい。赤も紫も楽しんだらええ」と、微生物の先生が教えてくれた。なるほど夏は、派手めの色の土着菌が元気になる季節なのか。竹林の恵みも季節によって変わるわけだ――。

**竹炭**もやく。正月の三日間は毎年あまり仕事もなくて好きなことをできるので、たいてい炭やきする。ドラム缶三～四本分を一度にやける大きな炭窯を竹林の横に作ってあるので、割った竹をどんどん詰め込む。長い太い竹を選んで煙突にしてあるので、きれいな**竹酢液**も採れる。

竹炭は、園芸用はもちろん、家を新築するという人が、床下に敷き詰める調湿剤（湿気取り）用にと三〇万～四〇万円分買ってくれることもよくある。竹のおかげでちょっとしたボーナスだ。

最近は**竹パウダー**も入手した。パウダー製造機の会社の人が「原料にする竹がほしい」というので、トラック一杯ゆずってやったら、できたパウダーの何割かをお礼に戻してくれた。密封容器に入っているから、乳酸発酵しているみたいだ。

これも、竹が取り持つ縁。おかげで竹炭・竹酢・竹パウダーが揃ったし、土着菌ボカシもあるし、スイカもトマトもナスも、連作障害と無縁なのは言うまでもない。

「僕は竹の生命力にも惹かれとるんですよ。たった一年で太さも丈も大人になってしまう生長スピード。世の中何万種類と植物あるが、こういうものはそんなにない」

井垣さんは本業の苗物生産ハウスの横に熱帯果樹も一列植えている。バナナやパパイヤ。これらも一年で大人になるそうで、「竹と同じですわ。こういう生長力に惹かれるんですわ」とのこと。

仲間が集まる用に庭に建てた庵の名前は「粋竹庵」。部屋の中には、切ってきた**青竹**がそのままの色で一年中そこにある（59ページ参照）。

辺りは兵庫県一の昔からのタケノコ産地で、井垣さんも子どもの頃から竹とは身近に付き合ってきたのだが、こんなに竹が好きになったのは最近のことだ。竹林を荒らしたままで利用しないのは、何よりももったいないと思う。

名刺まで竹繊維原料の**竹和紙**製。初めて会った人に渡し、竹の価値のPRから会話を始めることにしている。

井垣重信さん（83歳）と自慢の炭窯

竹炭は叩くとカンカン音がする

# 竹のスーパー生命力を活かす

**竹林には、
農業に、暮らしに、健康に
役立つ宝ものがいっぱい――**

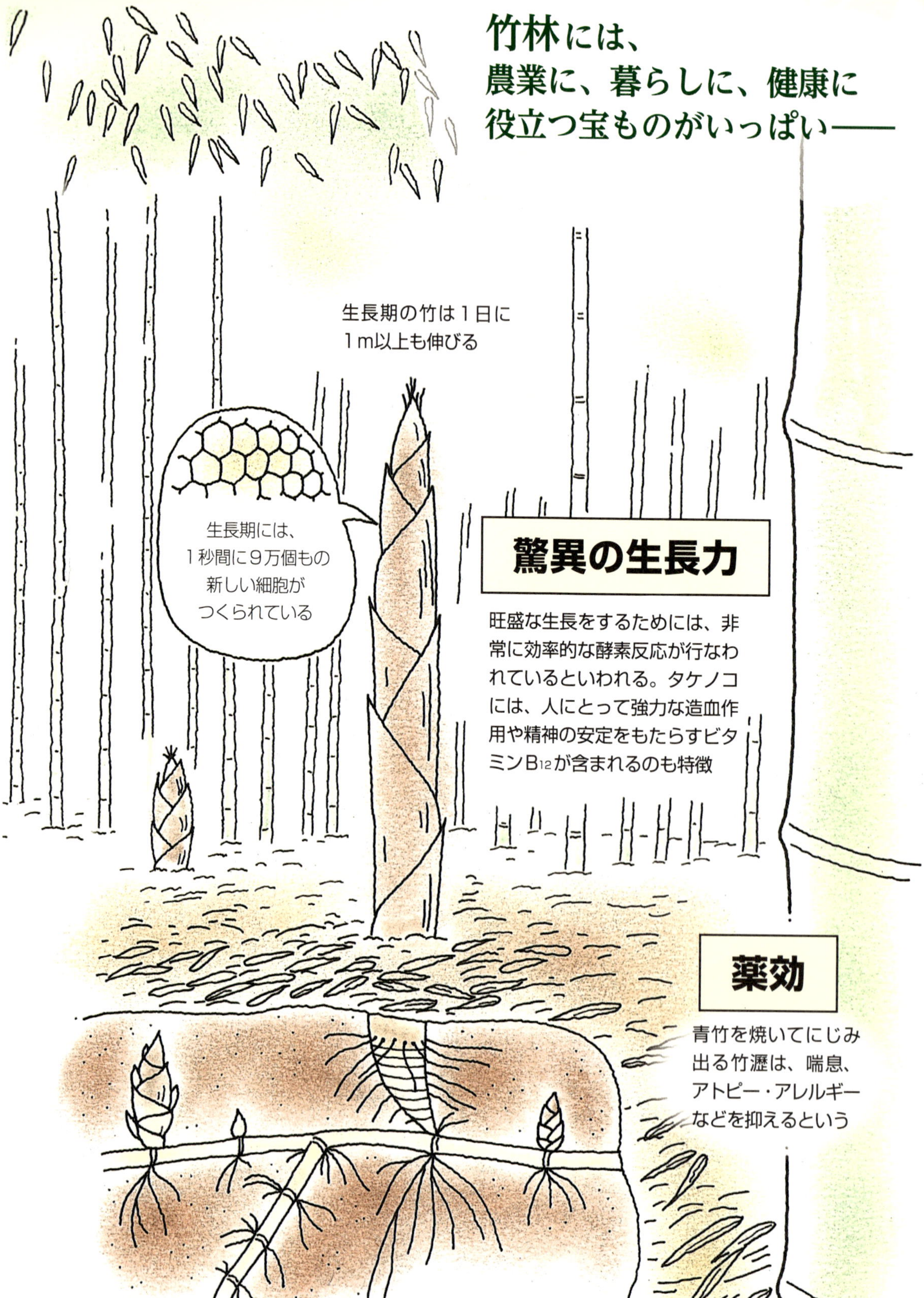

生長期の竹は１日に
１m以上も伸びる
生長期には、
１秒間に９万個もの
新しい細胞が
つくられている
地下茎や親竹に貯えられた
エネルギーが供給される


## 驚異の生長力

旺盛な生長をするためには、非常に効率的な酵素反応が行なわれているといわれる。タケノコには、人にとって強力な造血作用や精神の安定をもたらすビタミン$B_{12}$が含まれるのも特徴

## 薬効

青竹を焼いてにじみ出る竹瀝は、喘息、アトピー・アレルギーなどを抑えるという

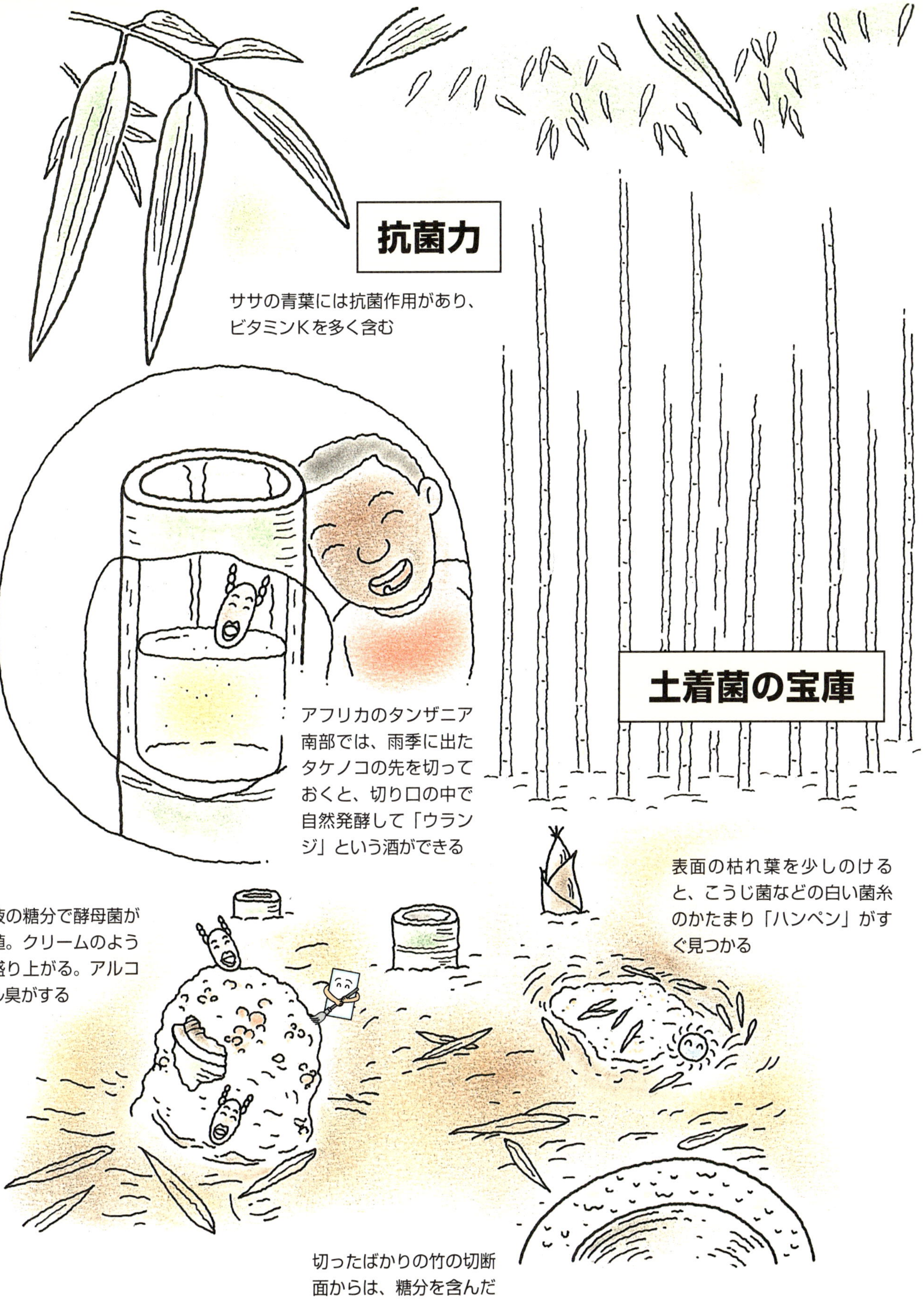
抗菌力
ササの青葉には抗菌作用があり、
ビタミンKを多く含む
土着菌の宝庫
アフリカのタンザニア
南部では、雨季に出た
タケノコの先を切って
おくと、切り口の中で
自然発酵して「ウラン
ジ」という酒ができる
表面の枯れ葉を少しのける
と、こうじ菌などの白い菌糸
のかたまり「ハンペン」がす
ぐ見つかる
樹液の糖分で酵母菌が
増殖。クリームのよう
に盛り上がる。アルコ
ール臭がする
切ったばかりの竹の切断
面からは、糖分を含んだ
樹液がにじみ出る

# 竹のパワーのもと

最盛期は１日１mも伸びる竹には、何かすごいパワーがありそう。そのスーパー生命力にはまだまだ謎が多いが、わかっていることを整理してみよう。

節に白く吹き出しているのがケイ酸（ケイ酸塩）。若い竹に見られる


## 竹（孟宗竹）の成分

チッソ…0.3%
リン酸…0.2%
カリ　…0.7%
（※1）

ケイ素…10g/灰100g
カリ　…8g/灰100g
（※2）

竹にはケイ素とカリが多いのが特徴。その他、カルシウム・マグネシウム・鉄などのミネラルも含まれる。旺盛な生長力には、アミノ酸や植物ホルモンの働きもありそうだが…

※１）大気中での自然乾燥重量当たり。『有用竹と筍』上田弘一郎著より
　２）灰は竹の全乾物重量の１～２％を占める。『簡易炭化法と炭化生産物の新しい利用』谷田貝光克ほか著より

## 竹パウダー・チップ、竹酢液、竹瀝など

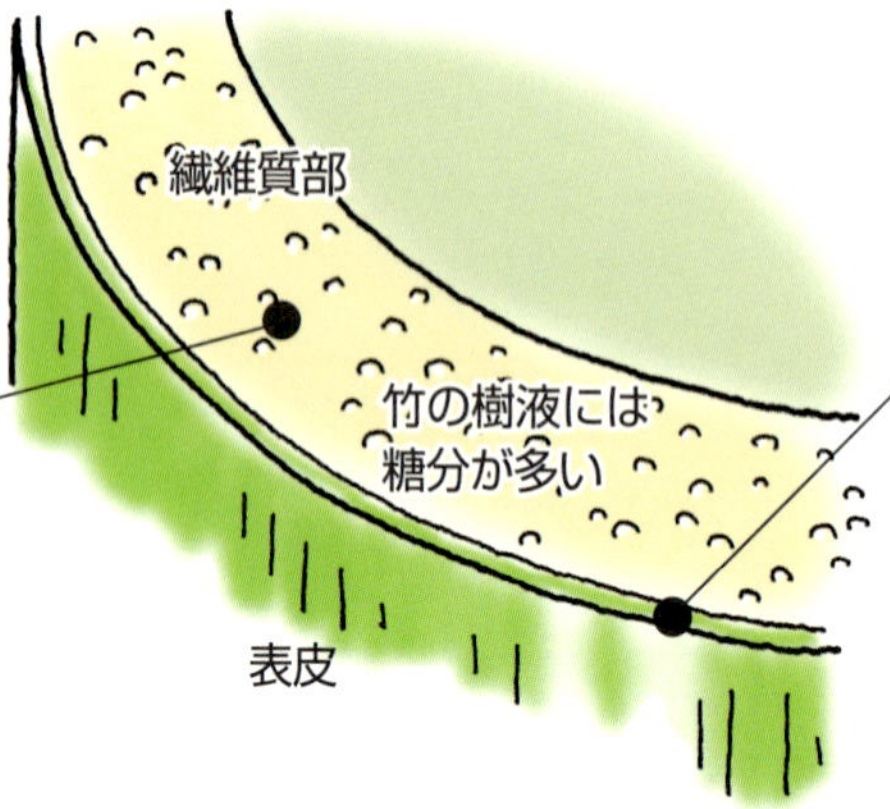

繊維質部
竹の樹液には糖分が多い
表皮


## 抗菌成分

竹の稈の表皮（緑色の部分）には抗菌成分が含まれている

青竹を焼くと、にじみ出る竹瀝。なめるとタケノコの風味のする甘酸っぱい味（倉持正実撮影、以下＊も）

表皮を粉にして
アルコールに浸ける


竹の表皮をアルコールで抽出した液には、カビや細菌を抑える力がある（『竹資源』清岡高敏著より）

# 竹パウダー・チップを畑に

生のままのパウダーを使うか、発酵させるか、あるいは堆肥にするか…。竹の農業利用には、いくつかの使い方、"流派"がある。

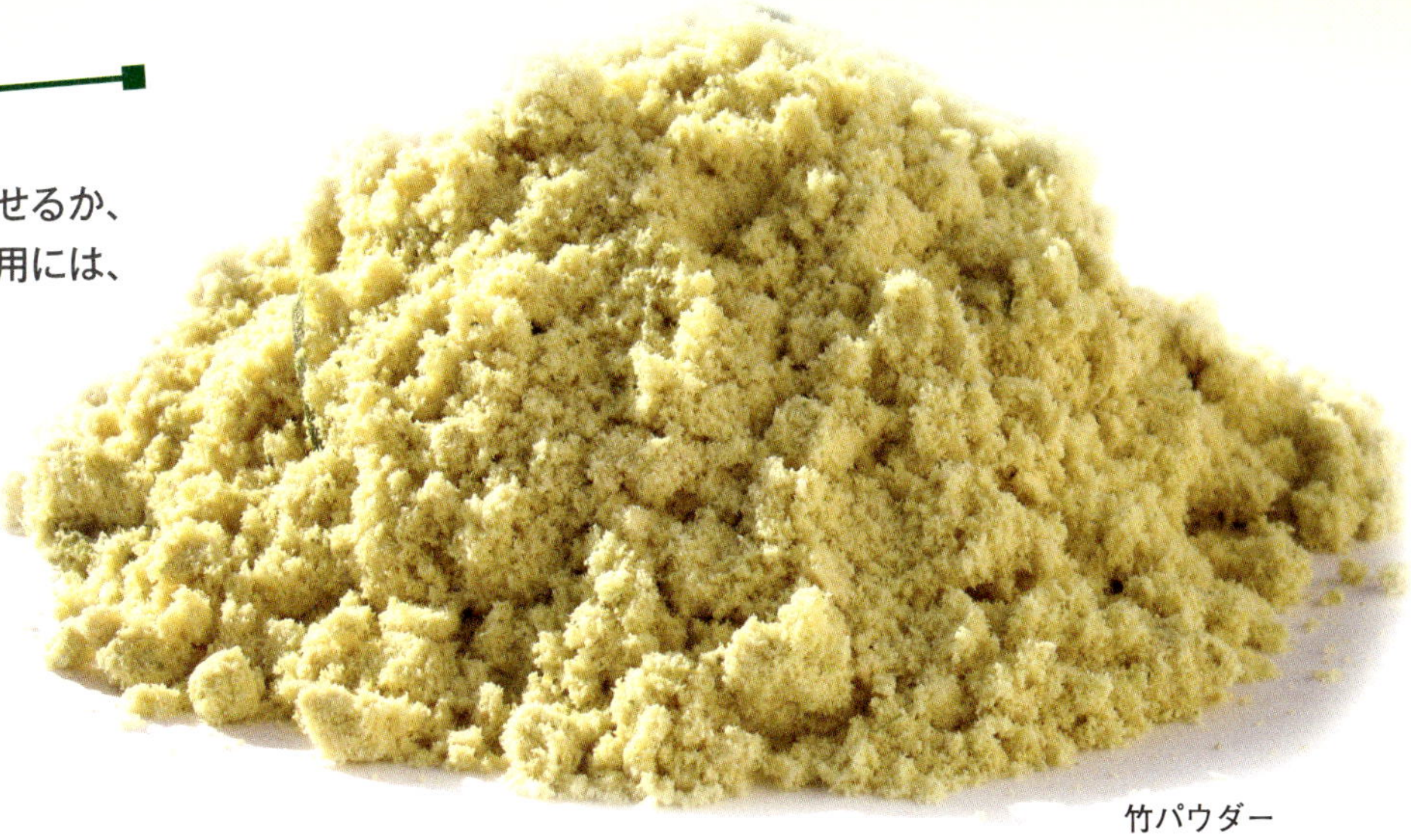

竹パウダー

## 生竹パウダーを表面施用

竹肥料の火つけ役となったのが植繊機という機械で作った竹パウダーを表面施用する方法。チップ化した竹を投入すると、すりつぶされた竹がミンチ状に押し出されてパウダーになる

## 竹チップ堆肥で使う

堆肥にするなら、一般的なチッパーシュレッダーで竹チップにすればOK。パウダーにするより処理効率も上がる。竹に含まれる糖分のために、堆肥の発酵も進みやすい。土中に入れてもチッソ飢餓の心配がないので大量に使いやすい

## 発酵竹パウダーをすき込む

竹パウダーをポリ袋などで密封して乳酸発酵。少量（10a 50kg程度）を土中にすき込んで使う

# 竹パウダー・チップは作物にどう効くか

各地の農家が取り組んできた事例を見ると、生育を引き締めて病害虫に強い体質をつくり、収量やおいしさを増す効果が期待できそうだ。

体内のチッソのダブつきなし。病気が出ない！
（18、19ページなど）
おいしさアップ！
収量アップ！
（12、19、20、22、26ページなど）
竹パウダー、
竹チップ堆肥など
根張りをよくする！
（20、21ページなど）

# 竹炭・竹酢液も効く

防除のとき、化学農薬に竹酢液を500倍程度で混ぜると、農薬を規定の倍に薄めても防除効果が上がるといわれる

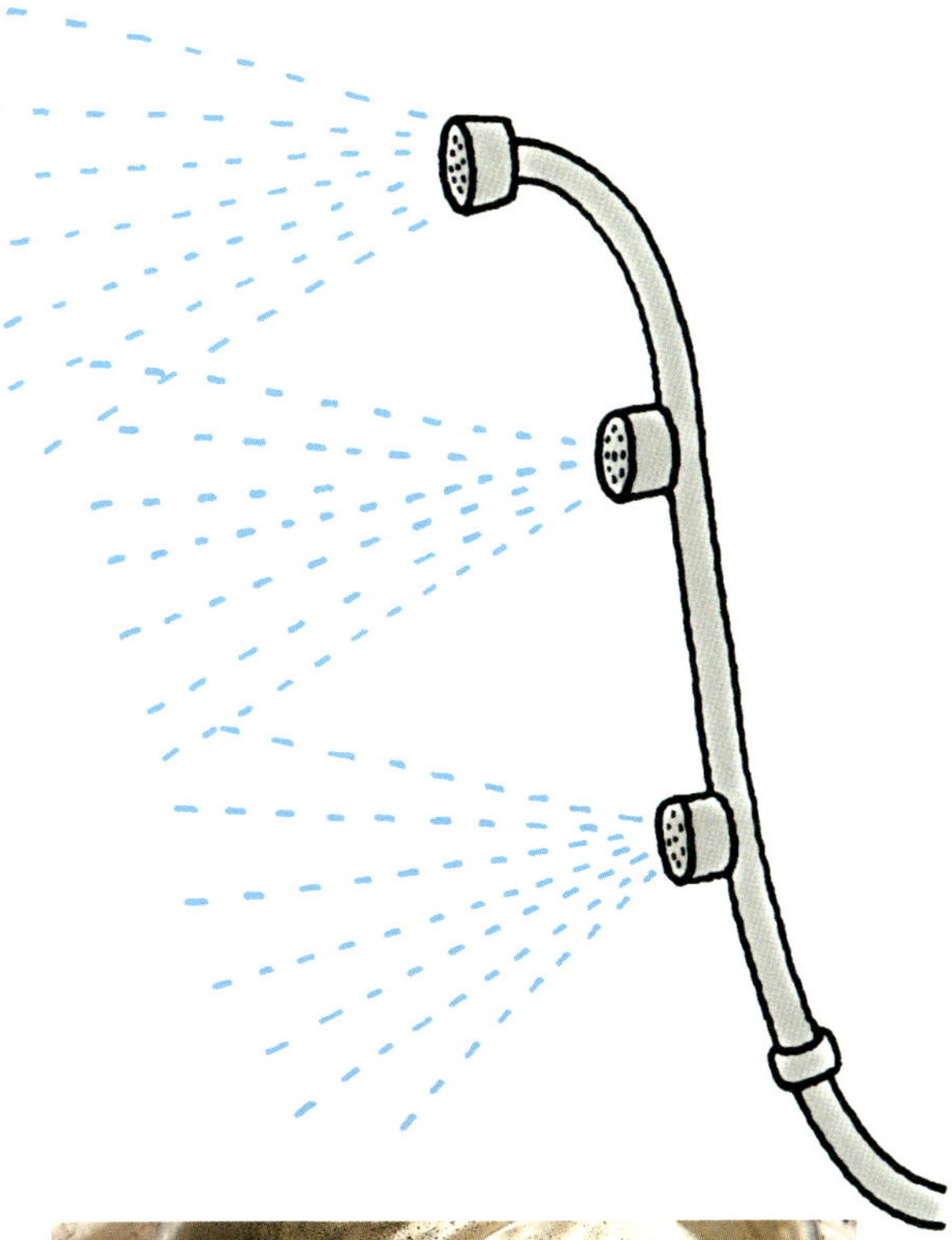

農薬に竹酢液を加えて散布することで、防除だけでなく、ミカンやリンゴをおいしくする効果もあるという人もいる

竹酢液にトウガラシやニンニクを漬け込んだ液を300倍程度で散布すれば、化学農薬に頼らない防除に役立つ

竹酢液（＊）

農業用に向くのは野焼きで簡単にやける軟らかい竹炭（消し炭、ポーラス炭）。じゃんじゃんやいて、じゃんじゃん入れれば、作物の根張り促進に効果的

（現代農業 特選シリーズ3『炭をやく炭を使う』参照）

竹炭1t、牛糞堆肥2t（ともに10a当たり）を入れてつくったサツマイモ

畑に竹炭をまく
（黒澤義教撮影、右も）

# 田畑に活かす

## 野菜には何でも一〇a五〇kgで効く
## 発酵竹パウダー

■千葉県八街市・桑山国雄さん

竹を田畑の肥料にする使い方。まずは、乳酸発酵させた竹パウダーをまく方法から――。

### 変化は一段目のトマトから

竹は糖分を多く含むので、密封して嫌気状態にしておくだけで自然に乳酸菌が殖える。乳酸発酵した甘酸っぱい香りの竹パウダーを、播種や定植前に一〇a五〇kg前後散布してすぐ耕耘。これだけで野菜が変わるという。

千葉県八街市の桑山国雄さんが、トマトのハウス一棟でこのやり方を初めて試したのが二〇〇七年の春のこと。一段目のトマトをとってすぐ桑山さんは変化を感じた。去年までより糖度が高い。大きさは変わらないが重さが増して「水に沈むトマト」になった。それですぐ残りのトマトハウス三棟にも、わざわざマルチをめくって発酵竹パウダーを追肥した。

竹パウダー効果で
野菜の甘みが増す

発酵竹パウダーを散布する桑山さん。果菜類にはやや多めに10a当たり70〜80kg。散布後すぐにロータリで耕耘。施肥は、トマトの例だと牛糞堆肥400kg、尿素でチッソを30kg施肥（ほかに発酵リン酸肥料のMリンPKなど）

パイプハウス一四棟・四〇aと露地の畑一・五haで、果菜・葉菜・根菜をいろいろつくる桑山さん、いまや何にでも作付け前に発酵竹パウダー。この竹肥料なしに野菜をつくることはない。

散布量は一〇a五〇kgが基準だが、果菜類はやや多めにして七〇〜八〇kg。乳酸菌の力を生かすため、散布後すぐにロータリで土へ混ぜ込んで嫌気状態にする。竹は糖分が多い代わりにチッソは少ない。チッソ飢餓（★）を起こさないよう、どの野菜でも播種や定植の一カ月くらい前に発酵竹パウダーを散布する。

## 二分で五m分、チッパーシュレッダーで高速粉砕

一〇a五〇kg前後の散布でも、野菜を作付けするたびに入れていくと、桑山さんが一年間に使う発酵竹パ

**ことば解説**

**★チッソ飢餓＝**炭素の多い（炭素率の高い）有機物を土に施すことでチッソが微生物に取り込まれ、作物の利用できるチッソが少なくなって生育が悪くなる現象。

竹パウダー作りに使う自走式小型チッパーシュレッダー（大橋、36ページ参照）

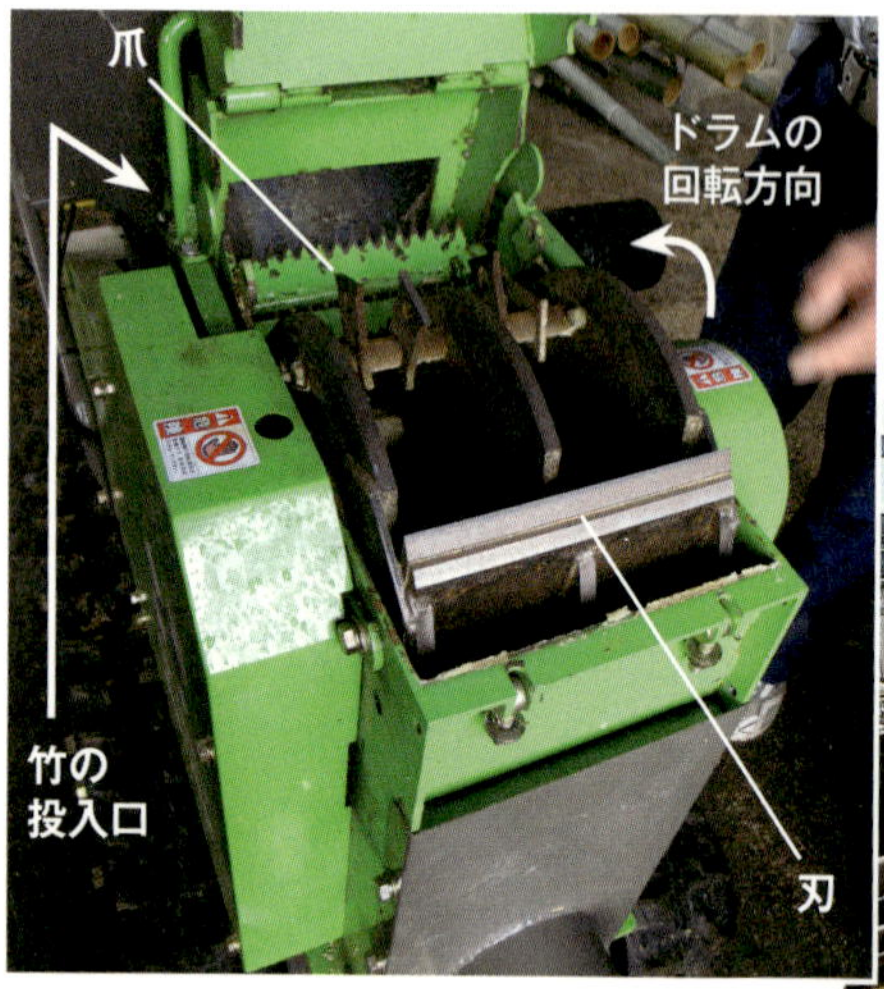


回転するドラムに2組ずつ付いた刃と爪で竹を粉砕。集塵機に送られる前に通る網の目で粉の大きさが変えられる（標準は5mm）。網をはずせばチップ状になる

粉砕した竹パウダーは集塵機（オプション）に付けたポリ袋に入る

ウダーは一ｔ近くなる。周囲に竹林はいくらでもある。問題は竹を粉砕する機械だ。そこで桑山さんは、大手建設機械メーカーを退職して野菜の販売会社を立ち上げた古賀康二さんと組んで竹の粉砕機を導入。近くの農家十数人も仲間に加えて、発酵竹パウダー野菜の生産と販売に力を入れることにした。

導入した粉砕機・チッパーシュレッダーは、二枚の刃と、ハンマーナイフモア（★）と同じようなハンマーで、竹を飲み込みながら粉砕していく。処理能力は一時間当たり一〇〇～一二〇kg。直径十数cm、長さ五mほどの竹が二分もかからないで粉になった。

集塵機でポリ袋に集められた竹パウダーはそのまま密封。一カ月ほどおいて乳酸発酵が進んだところで畑にまく。

## 甘みが増す、重くなる

さて、その発酵竹パウダーの効果。いちばんの変化は野菜の甘みが増すことだ。糖度を測ってみるとトマトは一一度、メロンは一八度、ニンジンも一〇度まで上がるようになった。

生育が早まる現象もあるようで、以前は花着けしてから五三日を目安にしていたメロンの収穫時期が五日くらい早まった感じだ。しかも収穫後は、追熟させなくてもすぐにおいしく食べられる。そのぶん食べ頃の期間が以前の倍の二週間に延びた。

収量も二～三割増えた。トマトの場合、花数も増えるがそれよりはトマト一個の比重が増した感じ。中身がよく詰まる現象は、キャベツやハクサイでも同じだ。葉がギッシリ巻いて重く、やはり甘い。

# 発酵竹パウダーの効果をハツカダイコンで実験

Aと播種同時施用区Bは揃いが悪かった。Aに比べ、B～Eはいずれも土が軟らかくなった

A：対照区、B：発酵竹パウダー播種同時施用区、C：発酵竹パウダー18日前施用区、D：生竹パウダー18日前施用区、E：発酵竹パウダー液肥区

1/4播種、2/7撮影。竹パウダーは10a 50kgを、Bは播種と同時に、C・Dは播種18日前に施用。液肥区Eは、発酵竹パウダーを浸けた水をかん水に使用。肥料〈9-10-9〉はチッソ成分で10a 7kg程度になるよう施用

根を洗ってみると……。

発酵竹パウダーは根張りをよくするというが、その効果が実験結果にも表われた。「液肥にしても効果がありそう」と桑山さん

収量が二割増える分、チッソの施肥量も二割くらい増やしたほうがいいと桑山さんは感じている。

## 発酵竹パウダー三〇kgで堆肥三〇t分の効果!?

果たして竹の何がいいのだろうか? チッソもリン酸もカリも一%にも満たない竹パウダーを一〇a五〇kg入れただけで野菜が変わるというのはいかにも不思議だ。本当のところはわからないが、竹パウダーの発酵で殖える乳酸菌の力が大きいのではないかというのが桑山さんや古賀さんの見方だ。

「三〇kgでも畑は変わります。ただ五〇kg入れたほうが野菜の味もよくなる。発酵竹パウダーを入れた畑の土はフワフワ、膨軟。発酵竹パウダー三〇kgで堆肥三〇t分くらいの土壌改良効果がある感じです」と桑山さん。 編

＊二〇〇九年四月号「一〇a五〇kgで効く発酵竹パウダー」

**ことば解説**

**★ハンマーナイフモア＝**背の高い雑草を短く粉砕処理するのに便利な草刈り機。フレールモアともいう。

DVDでもっとわかる

# 竹粉砕機は手作りできる

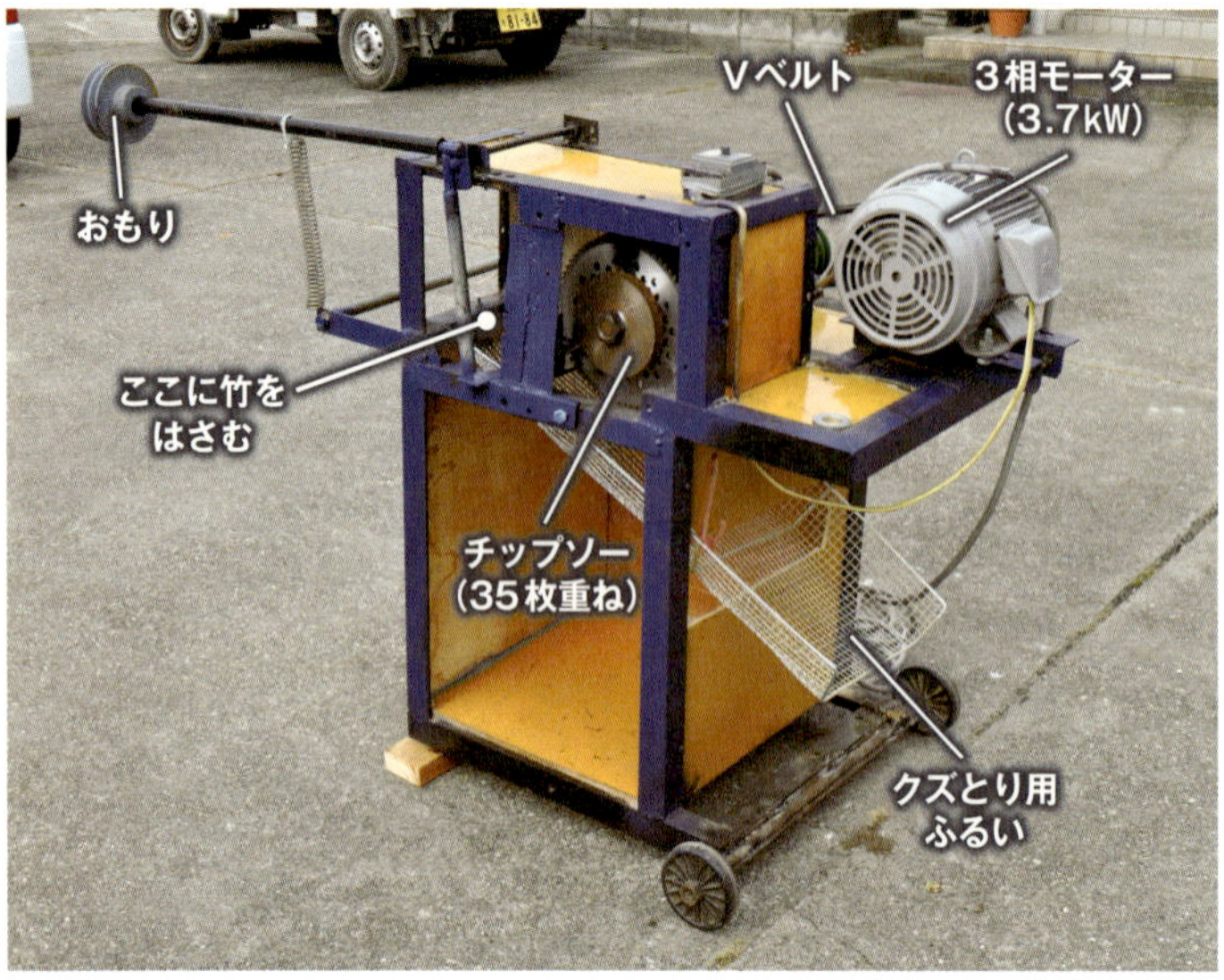
Vベルト
3相モーター
(3.7kW)
おもり
ここに竹を
はさむ
チップソー
(35枚重ね)
クズとり用
ふるい

武田さんの竹パウダー機

『現代農業』の竹肥料の記事をきっかけに、荒れた竹山を使って竹肥料を作れないものかと考えた徳島県鳴門市の武田邦夫さん。同じ徳島県で竹パウダー機を開発していた竹治孝義さんの機械を見せてもらったのをきっかけに、自分でも竹パウダー機を作ってしまった。素人ではどうすることもできないシャフト（回転軸）だけは鉄工所に頼んだが、それ以外は全部一人で組み立てた。従来の市販機は、1台数百万円以上する高価なものだったが、武田さんが廃品利用で作った当初の機械はわずか5万円だ。

一番の特徴は、刈り払い機のチップソーを重ねた粉砕部。初めは15枚くらいだったが、今ではなんと35～40枚重ね。電動のモーターで回転するこの粉砕部に竹を押しつけると、硬い竹がどんどんパウダーになっていく。直径25㎝、長さ2ｍほどの竹もおよそ5分で粉砕完了。

『現代農業』2009年4月号で、武田さんの竹パウダー機を紹介して以来、同じような粉砕機を自作する人たちが各地で続出している。

粉砕部はチップソー35～40枚重ね（外径255㎜、刃数68の竹切り用）。刃先の超硬チップの厚みで隙間ができるので、各チップソーの間にはスペーサーとして丸い鉄板を挟み、ナットで締め付ける

チップソーの
回転方向
おもりの重みで
竹を押さえるバー
竹をゆっくり
回す

竹はチップソーの粉砕部に斜めに、ゆっくり回転させながら押し当てていく

武田邦夫さん（左）と、いつもいっしょに作業する後輩の多田光さん

## チップソーを隙間なく23枚重ね

これは、広島県三原市のキク農家・田丸雅敏さんが作った竹パウダー機。『現代農業』2009年4月号で武田邦夫さんの機械を見て自作した。チップソーは23枚重ね。チップ（刃）の位置をずらしながら重ねることで、スペーサーなしでピッタリ隙間なく重ねている。軸（シャフト）は、牛のエサにするのに使うワラ切りカッターの軸がチップソーの穴にピッタリ合ったという。

＊2010年4月「オレもつくったぞ！竹粉砕機　チップソーをピッタリ重ねて23枚、粉は肥料袋にたまる」

粉砕した竹パウダーは、下部のホッパーを通じて肥料袋に入れられるようにした

チップの位置を交互にずらしながら23枚のチップソー（外径255㎜、刃数40の草刈り用）をピッタリ重ねた

## エンジン駆動式の竹パウダー機

チップソーを重ねた竹パウダー機を開発した元祖・竹治孝義さん（徳島県阿南市）は、エンジン駆動式の竹パウダー機も製作している。高級チップソー（1枚5000円、チップ数100個）を18枚重ね、高速回転（3400rpm）だ。近くの鉄工所などに相談すれば40万円くらいでできるだろうとのこと。

製作についての問い合わせは竹治さん（TEL0884-44-2655）まで。

＊2010年4月号「元祖竹治式はエンジンタイプもできた」

竹治式竹パウダー機（エンジン駆動タイプ）

# 竹パウダーが青枯病を抑えた！

岐阜県中津川市・大森照義さん

## 竹パウダーが多いほど青枯病を抑えた！

トマト栽培歴五〇年。「女房をもらうのも（結婚資金も）トマトのお金、子どもを育てるのも（教育費も）トマトのお金」だったという大森照義さんが、竹パウダーに首ったけである。

昨年は、五棟のハウスで竹パウダー二〇袋区、一五袋区、一〇袋区、五袋区、無施用区を設けて、生育の差を見比べている。竹パウダーはいずれも、定植一週間前にすき込んである。元肥は等量ずつ施用。さて、その結果は……。

八月三日、大森さんは三段目の収穫中。まず明らかなのが病気の出方である。二〇袋区のハウスには青枯病が二株。しかし広がる気配はない。いっぽう、無施用区ではズラズラッと連続で枯れてしまっている。青枯病は、竹パウダーの量が少なくなるにつれて増えていき、五袋区でもけっこう出ている。

じつは、この場所でトマトをつくるのは初なのである。もともとは田んぼ。水はけが悪い。おそらく耕盤もまだ残っていたのだろう。そんな悪条件の中で、ごまかしがきいたのは竹パウダーを多く入れたところだった。

「バクテリアが殖えて、それが水分を発散してくれているのかもしれんな。もちろん、竹パウダーに集まってきた乳酸菌が病原菌を抑え込んでくれたとも考えられる」

## 大玉で硬いトマト

ハウスごとの比較を続けると、健全株でも樹姿に違いがあるようだ。竹パウダーをたくさん入れたほうが、葉の緑が強い。茎も太い。五段目くらいまでは同じ太さが続き、しかも節間が一定。総じて、引き締まった印象を受ける。対して無施用区は、同じ樹でも茎が太くなったり細くなったり、節間の長さも乱れがちだ。

「夕方になると、葉のパーマでも違いがわかるぞ」

パーマとは、日没後、葉がキュッと巻いたようになる現象。大森さんがいうには竹パウダーを入れたほうが、その巻き具合も顕著になるという。健全生育の証なのだ。

七月三十一日（三段目）の出荷伝票を見せてもらうと、3L二一・五%、2L四〇・五%、L二一・二%、M一一・二%、S三・七%、2S二%とある。大玉の割合が多い。しかも、どれも「硬くて、ええやつ」。この硬いという傾向も、竹パウダーを使うようになってからとくに際立つようになったそうである。編

*二〇一一年十月号「手作り竹パウダーで、硬く大きなトマト」

竹パウダー 20袋区

病気は少なく、着々と大玉が育っている

竹パウダー無施用区

青枯病が多発！

# 米も野菜も生育が引き締まる

青江義守

筆者。野菜は飲食店やスーパーなどに卸しており、日持ちがいいと評判

## 水田で「竹パウダー除草」

春、三月はじめに山林の竹除去をします。そのときチッパーを持ち込んで竹をチップにし、作業場に移して植繊機（竹を繊維粉末にする機械）にかけます。

できた竹パウダーは、田植え後、水田に四回くらい散布（一回に反五〇kg。田植え機を改造して効率よく散布できる機械を作った）。遮光効果で、雑草の発生が抑えられます。竹パウダーは水面によく定着するので、米ヌカで除草するよりもうまくいきました。

また、イネはひょろ長くならずに、どっしり太くなります。穂数も増え、九・五俵から一〇俵へと増収！

## 竹パウダー入り堆肥で野菜栽培

竹パウダーは堆肥にも混ぜています。せん定クズ（五割）、米ヌカ（二割）、鶏糞（一割）、オガ粉（一割）、竹パウダー（一割）を混ぜて、切り返しながら一年くらいかけて発酵させます。以前も堆肥を作っていましたが、竹パウダーを入れてからはより菌が活発になった気がします。

### ▼ニラ

収穫後、株まわりにまず肥料（鶏糞や油粕）をやって、その上にこの竹パウダー堆肥を散布。分けつが多くなりました。株の太さもひとまわり違います。

味では、あの独特の臭みがなくなり、生でかじっても嫌な後味が残りません。さわやかなニラ、甘みがあります。日持ちもよくなりました。

### ▼ネギ

土寄せのたびに、竹パウダー堆肥と竹パウダーそのものを散布。丈の伸びるスピードが早くなり、土寄せの間隔が短くなったように感じています。赤サビ病の発生も減少しました。

ネギの中はトロみが強く、トロトロ成分が増えたようです。

### ▼トマト

定植後、ウネ上に敷き詰めています。根の張りがよくなり、病気に強くなりました。

実も大きくなりました。化成肥料でつくるとどうしても実の中の汁が多くなって、軽くなります。空洞果も多い。しかし、竹パウダー堆肥を使うと、明らかに重みが違います。切っても、そう汁は出てきません。ゼリーもしっかりしていて、果肉の部分が多い。空洞果も少なくなりました。

### ▼アスパラ

竹パウダー堆肥と竹パウダーそのものを半々で混ぜて、常に地面が見えなくなるように、しょっちゅう表面施用しています。これで雑草がほとんど生えなくなりました。生えてきてもラクに抜けます。

アスパラの生育は早くなり、長いシーズン収穫できるようになりました（普通は五月いっぱいで終わりのところ、七月になっても収穫できた）。立枯病にも強くなりました。

（富山県高岡市）

＊二〇一一年十月号「竹パウダー堆肥で、どの野菜も引き締まる」

# レタスの根張り抜群、ビッグベイン病にも負けない

兵庫県南あわじ市より

## 天候の悪いときほど根張りに差

大《おお》榎《え》列《なみ》営農研究会を引っ張る藤田重利さんと角所肇さんは、淡路最大のレタス産地、三原地区の第一線で頑張ってきた大ベテランだ。

二人が初めて発酵竹パウダーを使ったときのレタスは以前にも増して生育が順調で、同じ時期に植えた圃場のなかで、藤田さんと角所さんのレタスだけが、他のレタスよりも四～五日早くとれ始めた。一日で五〇〇円くらい差がつくのが当たり前のレタス相場においては、たとえ四～五日でも早出しできれば金額の差は大きい。

発酵竹パウダーを使ったレタスが順調に生育するのは、「根張りがものすごく早い」からだと藤田さん。なにせ発酵竹パウダーを育苗培土にちょっと混ぜるだけでも「定植時に育苗トレイの底に出てくる根が、抜群に多い」。天候が悪いときほど、その根張りの差がハッキリ現れるというのだ。

効果のわりには、発酵竹パウダーの投入量は一〇a当たり五〇kgと非常に少ない。育苗培土にいたっては、一トレイ当たり約八・五gと極々わずか。それでも効くのは、発酵竹パウダーに豊富に含まれる乳酸菌の力らしい。

乳酸菌は、土の中に入ることで酵母菌などの働きを助け、土ごと発酵しやすくする。また乳酸菌が出す有機酸は、ミネラルを溶かして植物が吸いやすくしたり、薄まって作物に吸われることで作物の体液を調整し、長雨でも水ぶくれしない体質にしたりする効果もあるらしい。

だから使うときも乳酸菌を無駄なく土に取り込むため、手まきで均等に振り、発酵竹パウダーが乾かないようその日のうちにすき込むのがコツ。

## 味が自慢、ビッグベイン病に負けない

収穫したレタスは、シャキシャキと歯切れのいい食感で、苦味がない代わりに最後にポッと甘みが残るのだとか。この味が藤田さんの何よりの自慢だ。

さらに驚きの効果もある。「根が早くからガーッと伸びるからか、途中でビッグベイン（★）が入っても、L玉まで育って収穫できる」。ビッグベイン病が治るわけではないが、影響は極めて少なくなるという。編

＊二〇〇九年四月号「発酵竹パウダーで根張り抜群のレタス　ビッグベインにも負けない」

藤田重利さんと発酵竹パウダーを使って作ったレタス。もっとも作りにくい2月はじめでも、L玉の秀品がゴロゴロ

**ことば解説**

**★ビッグベイン病**＝レタスの土壌伝染性ウィルス病。土壌のアルカリ化が発生を助長する。

竹パウダー覆土

ふつうの土の覆土

発芽後の生育は、竹パウダーで覆土したほうが葉枚数が多く、育ちが早い

## 竹パウダー覆土で発芽名人になる

山形県東根市の遠藤成穂子さんによると「植物は本来覆土はいらない」。覆土をしたタネは、根より芽が先に出るようになる。その点、竹パウダーの覆土は土ほど光をさえぎらないから、根が先に出たあとに芽が出る。発芽は土の覆土より遅れるが、あとの生育が断然早くなるのだという。

遠藤さんにダイコンで実験してもらった。 編

＊2010年3月号「竹パウダー覆土で力をためる」

竹パウダー覆土から発芽したダイコン。ふつうの土の覆土より発芽は遅れるが…
(写真はすべて赤松富仁撮影)

## 発酵竹パウダーで野菜の硝酸が減った！

島根県江津市の播磨屋林業は、乳酸発酵させた竹パウダー「竹のいぶき」を販売するが、ホウレンソウやコマツナで、発酵竹パウダーを入れたほうが硝酸イオン濃度が低くなるという実験結果を得ている。ポット試験でも農家の圃場でも同様の結果が出ているそうだ。

硝酸イオン濃度の差はとくに葉ものでよく出る。そのほかの野菜でも、竹パウダーを入れることで生長が早まったり収量が多くなったりという成果が得られているという。

なぜ、こうした効果があるのか。そのしくみは次のように考えているそうだ。乳酸菌が土中で雑菌を抑制する→根張りがよくなる→それによってチッソをアミノ酸として吸収できる→光合成がさらに活発になる→その結果、作物体内の未消化チッソ（硝酸態チッソ）が減る。 編

＊2010年4月号「乳酸菌の効果!?　竹肥料で野菜の硝酸が減る」

発酵竹パウダーを入れたコマツナのほうが硝酸イオン濃度が低いうえ、ガッチリした姿で一株が重い（数値は堀場製作所の硝酸イオンメーターで測定）

ホウレンソウでも発酵竹パウダーを入れたほうが硝酸イオン濃度が低い

## 竹パウダーを生のまま表面施用

# リンゴが丸々太る　サクランボがザクザクなる

遠藤成穂子

### 竹パウダーで畑に野山を再現

「百福《ももふく》食材研究所」（★）の高橋良三さんとお会いする機会を得たことから始めた「百福農法」は、竹を植繊機という特別な機械にかけて木質と繊維に分解した「竹パウダー」を利用する農法です。故橋本清文さんが確立されたバイケミ農業（★）を忠実に守って行なわれている農法であり、その理念は、野にある草（普通、雑草と呼ぶ）の生育に着目し、野山の草や木の生育を畑に再現する生態系農業です。

野の草は、地表に堆積し分解する落ち葉や枯れ草から必要な養分を取り入れますが、一年ごと結果を出さねばならない畑では間に合いません。そこで、落ち葉や枯れ草の代わりになり得るものとして竹パウダーを使うのです。

竹パウダー施用1年目のサクランボ

### なりの悪かったサクランボが!

一年目、最初に試したのは、ここ何年か実のつきがよくなかったサクランボです。畑の一角にある六本の佐藤錦ですが、竹パウダーを施用してみると、サクランボではなくブドウの樹かと思えるくらい、たわわに実をつけたのです。しかも通常は、なり過ぎると実は小さくなるのに、どの実も大きく、枝が折れないかと心配したほどでした。

### 幹のまわりにドーナツ状に表面施用

二年目から、私は迷うことなく畑全部、リンゴもサクランボも百福農法に変えました。

四月になるとすぐ、まず少量の過リン酸石灰、次に竹パウダーを散布。竹パウダーは、樹冠の下に、幹から一mの範囲は除いてドーナツ状に敷き詰めました。厚さは一㎝あるかないかの量です。そしてパラパラ程度の硫安（これはチッソ肥料としてではなく竹パウダーを分解するために施す）、鶏糞、少量の硫酸マグネシウムをまきました。これで終了。あとはいっさいおかまいなし。シンプル農法

真っ赤に着色した陽光を見せる遠藤さん。80aの畑でリンゴ（ふじ主体）、サクランボ、西洋ナシなどを栽培（赤松富仁撮影、以下Aも）

収穫1カ月前の北斗。
あまりにびっちりついていて
息を飲むほど（A）

遠藤さんの使う竹パウダー
（岐阜の百福食材研究所より
購入、A）

というだけあって、どんな作物であっても使う資材や施し方はほとんど同じです。

そして収穫期。この年、山形のサクランボは過去に例を見ないほどの不作でした。うちも豊作の前年に比べたら、実の数はずいぶん少なかったかもしれません。しかし、思ったほど収量は落ちませんでした。百福農法二年目を迎えた六本の佐藤錦たちは相変わらずザクザクなっていました。

（山形県東根市）

＊二〇〇七年十月「不作の年、佐藤錦がザクザク実をつけた」／二〇〇九年四月号「摘果しなくてもリンゴが丸々太る　竹パウダーを生のまま表面施用」

**ことば解説**

**★百福食材研究所＝**
http://momofuku.jimdo.com/、37ページ

**★バイケミ農業＝**『竹肥料農法　バイケミ農業の実際』橋本清文・高木康之著（農文協発行）が参考になります。

竹のパワーに魅せられて、農業利用する人が続々と増えている。
全国各地の実践例をさらにダイジェストで紹介。

| 作　目 | 竹の施用法 | 効　果 |
|---|---|---|
| ネギ  | 竹パウダーを10㎝マルチして、そこに穴をあけて九条ネギの苗を植えた | 草を抑えられ、ネギが**極太**に育った<br>（京都・西村淳男さん　2009年4月号） |
| タマネギ  | 元肥に鶏糞とモミガラで作った堆肥を10a当たり2tほど（チッソ成分で2.6㎏くらい）入れ、定植後に竹パウダーを5㎝ほどの厚さでマルチ | 追肥なしで、**締まりのいい甘〜い**タマネギが穫れる。収穫が終わるまで葉がピンと立って青々としている。表層には細かい横根がたくさん。雑草も生えにくいし、生えても抜きやすい。春先雨が多く、黒マルチのほうはベト病が出てしまったが、竹肥料のほうはいっさい出なかった<br>（兵庫・衣笠愛之さん　2004年4月号） |
| ハツカダイコン<br>アスパラガス  | 発酵竹パウダーをマルチとして利用 | ハツカダイコンもアスパラガスも**1.5倍の大きさ**になった<br>（徳島・藤田正さん　2010年10月号） |
| ミョウガ  | 草抑えとして大量の竹チップを敷いた | 約1年後、チップの下からそれまで**見たことのない大きいミョウガの芽**が出た<br>（愛媛・前弘之さん　2009年4月号） |
| ミカン  | 竹パウダー400㎏くらいにカキ殻石灰3袋くらいを混ぜ、毎日切り返す。2日目で60度くらいになり、10日たって温度が30度くらいに下がったら袋に入れて完成。この竹ボカシを、秋と春の年2回、1本の樹に5〜6つかみ程度マルチ | 表層根がびっしり張って**うま味のある味の濃い**ミカンができる。根が増えて樹が元気になるせいか、**玉太りもよくなった**<br>（福岡・鎌田俊基さん　2010年7月号） |
| イチジク  | 竹パウダー1、米ヌカ2の割合で混ぜ、ビニール袋に入れて密封。1週間〜1カ月で発酵竹パウダーが完成。12〜1月に元肥として、ウネ上に有機肥料、発酵鶏糞、発酵竹パウダー、完熟堆肥の順で表面施用。発酵竹パウダーの量は40aで約2t | 結果枝が太く硬く、節間が多少詰まって生長。結果枝の生長が揃う、葉も厚く揃う。実のつきも最高で、1年目は**糖度18度で甘く大きい実**がなった。2年目は**肥大が早かった**<br>（千葉・水海清さん　2011年10月号） |
| モモ 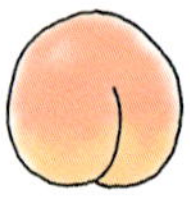 | 園地の表面に竹パウダーを散布。追肥として硫安・過リン酸石灰・硫酸マグネシウムを散布 | 土壌には微生物が繁殖、ミミズも殖えるなど、土壌改良が図られた。モモの**糖度も平均で2度ほど高くなり**、最高糖度は17度を超えるものも<br>（香川・見間勤さん　2007年10月号） |
| コゴミ  | 11月の施肥後、生の竹パウダーをハウス6棟（15a）全面に厚さ10㎝になるようにマルチ | 草が生えない。**水持ちがいい**ので、水かけ回数は従来の5分の1。ハウスを完全密閉して温度が40〜50度になっても、地温が20度より高くならない（障害が出ない）。収穫したコゴミは**アクが少なくて、おいしい**と評判（熊本・竹下義雄さん　2011年10月号） |

竹パウダー：竹を粉状・繊維状になるまで細かく粉砕したもの　　竹チップ：竹をチップ状に粗く粉砕したもの
発酵竹パウダー：竹パウダーを袋などに入れて密閉し、乳酸発酵させたもの

# まだまだある 竹の農業利用

| 作　目 | 竹の施用法 | 効　果 |
| --- | --- | --- |
| イネ 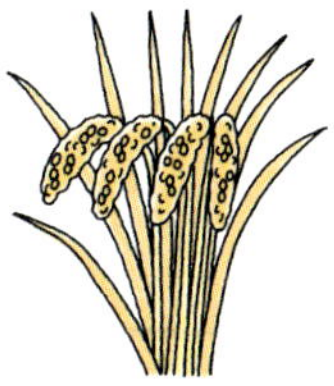 | 発酵竹パウダーを10a当たり25～30kg、荒起こし前にまいてすぐすき込む | **茎が堅くて株張りのいい**イネができ、**倒れにくくなった**。穂も大きく、モミで100kgくらい収量が多そう（兵庫・角所肇さん　2009年4月号） |
| | 57aに、40ℓ入りで270袋の竹パウダーを入れた | 施肥を減らしていることもあり、収量は7俵と他の田んぼの7割くらいだったが、**タンパク値は4.9～5.1**とかなり低い。甘みがあり、嫌な要素がまったくない（富山・米沢耕尚さん　2005年4月号） |
| トマト  | 7月、残渣をハンマーナイフモアで砕き、カキ殻、糖蜜、魚の煮汁、発酵竹パウダー（10a当たり2t弱）などを入れ、またハンマーナイフモアをかけ、マルチを張り太陽熱処理。その後、定植、元肥を施用（不耕起栽培） | 茎が竹のように硬く締まった。さんざん悩まされてきた**葉カビが少なくなった**。収量も増え、果実は水に沈む。**おいしくなった**（熊本・耘野満春さん　2011年10月号） |
| | 竹チップを定植前のウネに厚さ2cmほどマルチング | 樹の生長が早く、わき芽の出方が激しい。**花の数が多く、前年の1.5倍くらい**。樹は締まりがよく、強そうな感じ。果実は大きく、味もしっかりのっていて甘い（岐阜・橋本浩樹さん　2011年10月号） |
| キュウリ<br>トマト<br>スイカ  | 定植7日後に生の竹パウダーを株のまわり半径50cm、厚さ15mmほどマルチ | キュウリ：**早くから開花し、1株から30個以上収穫**。味も最高。<br>トマト：株高60cmくらいから開花し、結実量も多く、**水に沈む**ほど充実したトマトになった<br>スイカ：開花が早く、結実量も多かった。普通栽培のスイカが枯れても、竹パウダーをやったほうはツルがいつまでも伸び、遅くまで実をつけた<br>（大分・矢野丈夫さん　2004年10月号） |
| キュウリ  | 水2、竹パウダー1の割合で鍋に入れ、沸騰させた液をこして、キュウリに元気がないとき、かん水チューブで流す | キュウリが元気になったのはもちろん、ビックリするほど**みずみずしい食感。9割強がA品に**（福島・田中保男さん　2004年10月号） |
| イチゴ  | ウネ立て時に、竹パウダーを10a当たり8kg入れる（ウネだけ施用） | **甘さが増した**。観光農園のお客さんから「こんなおいしいイチゴ、よその店では食べられない」と言われた（静岡・太田鉄也さん　2011年10月号） |
| ゴーヤー  | 10a当たり50kgの発酵竹パウダーを約1tの堆肥と一緒に施用。元肥は少なめ（油粕なら50kg程度）。追肥は株元から20cmくらい離れたところのマルチに穴を開けて、油粕などと一緒に竹パウダーも施用。乳酸菌がよく働くように、竹パウダーの上には少量の土を被せておく | 果実は**生で食べても苦くない**。下葉がいつになっても黄色くならない。果実も60cm以上に大きくなっても鮮やかな緑色のまま。**1株から平均110本収穫**（10a当たり約5t、使う前の約1.7倍）（鹿児島・永田實さん　2007年10月号） |

# チッソ肥料とセットでの施用が効果的

長谷川和久

竹は繊維質・糖質、および若干の無機質・油脂等の成分を含んでおり、土壌へ戻る安全な有機質資材である。繊維化すれば当然分解が速くなるが、施用状況によって効果の現われ方が違ってくる。具体的には次のような利用法がある。

**▼畑、樹園地利用の場合**

①混合（土壌全体にすき込む）

土壌が膨軟になる。通気透水性が改良される。

②表面被覆（マルチ）

雑草の生育が抑えられる。保温、水分蒸散防止。表面施用した肥料成分等が土壌吸着するのを防ぐ。なお、株元への被覆等、局所的に使用すると、施用量が節約できる（コスト削減）。

**▼水田利用の場合**

元肥時や田植え後一週間くらいの時期に散布すると、雑草の発生抑制効果がある。また、藻類などの生物が繁殖してチッソ固定などもするので、結果的に有機質肥料を自給できる環境となる。

## 竹パウダーとチッソはセットで

竹繊維（竹パウダー）は、比重が約〇・一五～〇・二五と、かさの割に軽いため、一定量を現場で散布するには容量的配慮が必要である。袋入りの場合、屋外露天置きなどで吸湿してしまうと、分散・崩壊性が劣化し、まきにくくなってしまう。

注意することは、土壌に混合する場合にはとくにチッソを含む資材・肥料などを同時に施用すること。できれば三〇～五〇％増肥する。そうしないと、土壌内でチッソ飢餓状態が起き、生育する植物は栄養不足から黄化、生育停滞しがちになる。

水田の場合も同様で、初期のチッソ飢餓防止の観点からチッソ質肥料を何らかの形で補う必要がある。

留意点は、①すき込むと、よりチッソ飢餓を招きやすいので、どちらかというと土壌表面に被覆（マルチ）施用するのが望ましい、②竹繊維で土壌をマルチした上に増肥分を施すと竹の分解がスムーズになる、③水田の場合、元肥として施用すると作業性がよい……などである。ちなみに、散布量の目安としては、一㎡当たり一kgの竹繊維を散布すると、ほぼ土の面が見えなくなる。

当地域では、水田用に一〇a当たり五〇〇kg（二㎥）、畑や樹園地では厚さ一～一・五cmにマルチして使うのが一般的で、約二・五～二・七t（一〇～一五㎥）施用が目安となる。ただし、畑ではウネ上のみ、果樹では樹の枝下のみの部分施用にすると、量的には半減する。

## 竹パウダーの効果

**▼ジャガイモ増収**

各試験区の収量は表のとおり。この

**元肥、竹パウダー被覆の有無で変わるジャガイモの収量**

| 試験区 | | 収量（10a当たりt、指数） | | | 大きさの割合（%） | | |
|---|---|---|---|---|---|---|---|
| | | | | | L | M | S |
| 竹被覆なし | 元肥無 | 1.17 | | | | 7.8 | 92.2 |
| | 〃 施用 | 1.07 | 100 | | 2.2 | 5.5 | 92.3 |
| 竹被覆あり | 元肥無 | 1.43 | 133 | 70%増 | | 6.7 | 93.3 |
| （10㎡をウネ被覆） | 〃 施用 | 1.89 | 176 | | 4.1 | 17.3 | 78.6 |

元肥にスーパー生ゴミ堆肥（チッソ2%含）を10a当たり5tウネ混合施用。2003年4月18日に男爵種イモ50〜80gのものを30㎝間隔で植えた。竹パウダー被覆した区はしなかった区に比べてかなりの増収。とくに元肥+竹パウダー被覆区は竹分解に必要なチッソ分が十分あるからか、もっとも収量が多かった

ように竹繊維を被覆すると増収効果がみられ、とくに元肥を施した場合には七〇%強増収し、大きさもMとLを合わせた割合が約三倍ほどになった。

**▼キュウリのセンチュウ害に効果**

土壌センチュウによる立枯れ、生産力低下の回避策の一つとしても竹繊維マルチが有効である。このとき併用したカキ殻粉末には、竹繊維と同様に抗菌作用のあることが知られているが、さらに鉄、ケイ酸などと複合造粒し施用すると、竹繊維マルチをしなかった区に比べて確実にセンチュウの活動抑制に機能したことがわかる。

これは、竹に含まれるアク成分（フェノール類などの有機化合物）が水に溶け出して土壌に染み込み、カキ殻との相乗効果でセンチュウのすみにくい環境を作ったと思われる。

**▼米の食味がアップ、タンパク低下**

安全で安心かつ農薬をできるだけ使わないおいしい有機栽培米づくりの選択肢として、竹繊維の元肥施用が注目されている。竹繊維を肥料として見、これを機械的に製造することに努力し、農法も考察した橋本清文氏によるバイケミ農法の影響を受けたコシヒカリ栽培が行なわれている。ほぼ竹肥料だけで栽培すると、収量は一〇a当たり四〇〇kg台とやや少ないが、食味値約八〇、タンパク成分五〜六%の良食味米が生産され、相対的に高値で消費されている。

水田へ施用する場合、散布するのが耕起前か田植え前後かによって、作業性、散布労力（今のところほとんどが手散布）、効果、コストが変わってくる。ちなみに、一〇a当たり五〇〇kg（五〇袋）施用時、竹繊維由来でチッソは水田へ約二kg入ることになるが、これは見掛け上のもので、実際は竹分解のために固定され、イネの施肥には間に合わない。

しかし、繊維が土の表面に施されたことにより、水田の微生物や生える植物が空中チッソを固定。確保されたチッソは究極自給肥料とみなされる。現場でイネを観察してみても、相当量のチッソが自給肥料として空中から補充されているようである。だが、やや収量性を高めるには元肥時か生育初期にチッソ質肥料を有機または無機質の形で施すとよい。イネは竹繊維施用により、相対的にケイ酸が多く吸収され、耐病性、耐倒伏性が増し、品質が向上する。

**（石川県立大学名誉教授）**

＊二〇〇四年十月号「竹肥料を使うなら、チッソとセットで」

# 竹は微生物の大好物

## ボカシのタネ菌づくりに竹林の「ハンペン」

茨城県古河市・松沼憲治さん

松沼憲治さんは、ボカシ肥をつくるときのタネ菌に竹林の林床で見つかる「ハンペン」を使う。枯れた竹の葉などに白い菌糸が絡みついて塊になったもの。落ち葉をどかすと、落ち葉と地面の境の湿ったところに薄い板状になったこのハンペンが見つかる。白い菌糸の正体は、ほとんどが「黄こうじ」といわれている。

＊1995年4月号「山の中、竹林の中からハンペンとってきて土つくり」

とってきたハンペンは、発泡スチロール箱にフタをして、コモをかけてハウスの中に置いておけば保存がきく（小倉隆人撮影）

### 松沼さんのタネ菌のつくり方

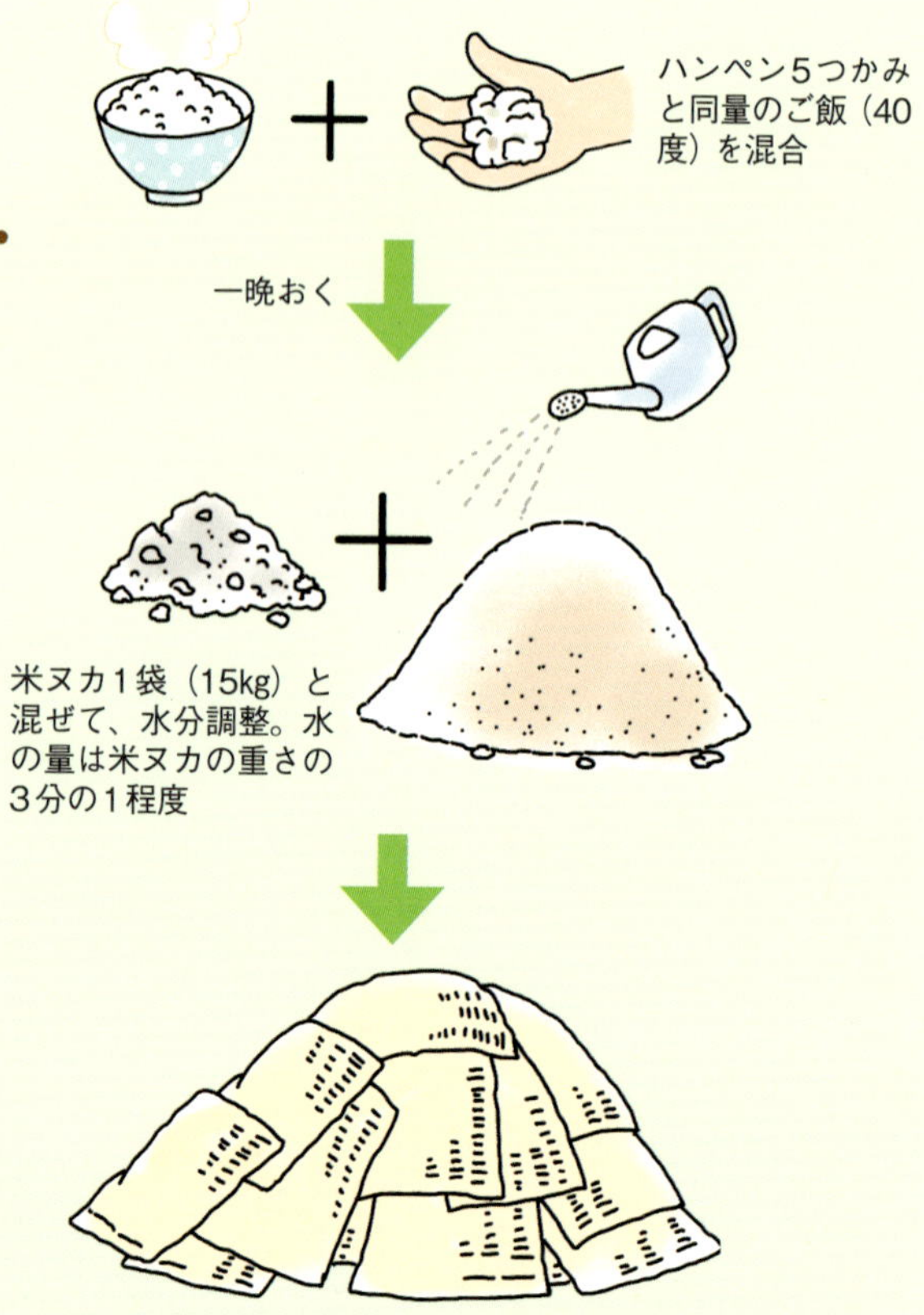

ハンペン5つかみと同量のご飯（40度）を混合
一晩おく
米ヌカ1袋（15kg）と混ぜて、水分調整。水の量は米ヌカの重さの3分の1程度


コモをかけて3日もおくと40度くらいに上がってくる。そこで米ヌカを1袋足し、水分も足して切り返す（白い菌糸が見える）。また温度が上がってきたら米ヌカを足して…と繰り返すと、タネ菌をどんどん殖やせる。白い菌が全体にまわって乾いた状態になれば完成

## 新鮮な竹パウダーを密封すれば乳酸菌増殖

千葉県八街市・古賀康二さん
桑山国雄さん

粉砕した竹の粉を畑で活用しながら販売もしている古賀康二さん・桑山国雄さんは、竹パウダーを必ず乳酸発酵させてから使う。といっても別に難しい作業はない。粉砕したばかりの新鮮な竹パウダーを袋に入れて密封するだけのこと。竹に含まれる糖分やその他の栄養分が乳酸菌は好きなようで、嫌気状態にさえしておけば乳酸菌が殖えるのだ。密封した竹パウダーは、1カ月ほどおいて乳酸発酵が進んだところで畑にまく。

＊2010年4月号「乳酸菌を殖やすには新鮮な竹パウダーを密封するだけ」

## ● 竹林の「クリーム」でタネ菌づくり

福岡県八女市・酒井雅佳さん

竹を切った後の切り株に盛り上がるのは、ハンペンならぬ「クリーム」。ふれてみるとフワフワしたクリーム状。鼻を近づけると、意外にも酒粕の香り。酒粕の香りがするということは、天然酵母などが飛び込んで殖えているのか。酒井さんは、このクリームを米ヌカと混ぜて発酵させたものを、ボカシや堆肥づくりのタネ菌として混ぜる。

＊2002年4月号「竹林に『新ハンペン』発見！」

竹の切り株に盛り上がったクリーム（倉持正実撮影、Kも）

クリームを混ぜた米ヌカは、浅めの箱に油紙を敷いた上に広げ、雨よけのビニールをかけて7～20日間、竹林に放置。白い菌糸が発生し温度が上がった後、熱が下がって乾燥したらタネ菌のできあがり（K）

竹の切り株1株分のクリームを米ヌカ2袋（30kg）と混ぜ、握って開くと、いくつかの塊に割れるくらいの水分に調整

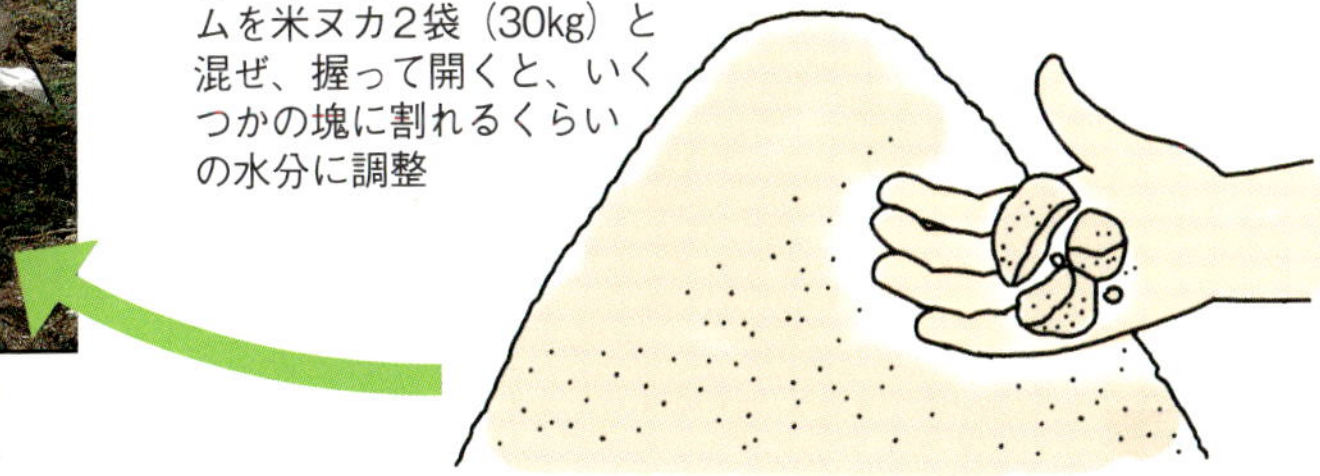

袋に密封しておいた竹の粉は、乳酸菌が殖えて甘酸っぱい香り

袋の中の空気をできるだけ抜いて口を固く縛る

# 竹堆肥には
# ホウ素・ケイ酸の効果あり

富士見工業㈱有機資源開発研究所の金田雄二さん（元静岡県農業試験場）は、竹堆肥の効果にはケイ酸やカリ、ホウ素などの成分がかかわっていると見ている。

写真は、竹チップ堆肥とバーク堆肥、堆肥なしの試験区を設定して育てたカブ。ひと目で明らかなのは、竹チップ堆肥を施用したカブの表皮がいちばん白くてきれいなことだ。根部の糖度が高く、歯ごたえも良好。バーク堆肥区と比べて、玉の直径は同等程度だが根重が重くなった。

竹チップ堆肥区のカブが白くて光沢があるのは、竹に含まれるホウ素やケイ酸の効果と考えられるそうだ。試験には養分の少ない荒地の土を使っているので、無堆肥区はとくにホウ素欠乏が顕著。玉の形がゆがんだうえ裂根するほど品質が低下したのはそのためだそうだ。編

＊二〇〇九年四月号「竹堆肥にはホウ素・ケイ酸の効果あり」

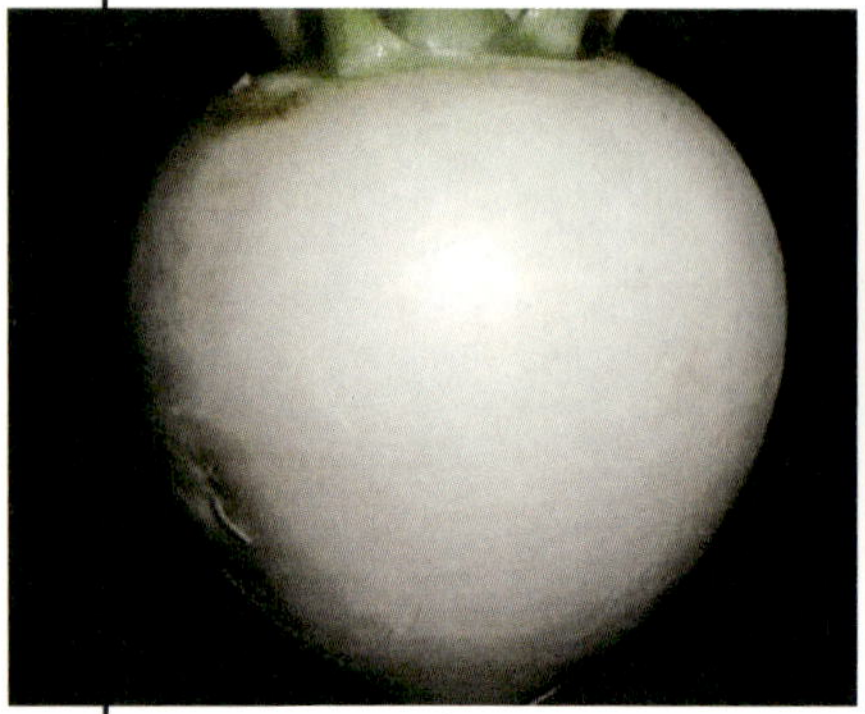

竹チップ堆肥区

バーク堆肥区

無堆肥区

**カブの生育の比較**（鉢試験）

| 試験区名 | 草丈(cm) | 葉重(g) | 玉の直径(mm) | 根重(g) | 全重(g) | 糖度 | ビタミンC(ppm) |
|---|---|---|---|---|---|---|---|
| 竹チップ堆肥区 | 26.3 | 43.7 | 58.2 | 101.0 | 144.7 | 6.0 | 284 |
| バーク堆肥区 | 26.8 | 44.2 | 56.3 | 93.2 | 137.4 | 5.3 | 238 |
| 無堆肥区 | 23.7 | 39.7 | 50.6 | 67.2 | 106.9 | 5.1 | 183 |

注1）竹チップ堆肥・バーク堆肥の施用量はそれぞれ10a当たり2t
　2）元肥はすべて化成肥料8-8-8でチッソ・リン酸・カリとも10a当たり15kg、卵殻エースを10a当たり100kg
　3）播種3月16日、セル苗定植4月5日、収穫5月2日
※富士見工業（TEL054-282-9541）では竹チップ堆肥を「竹堆肥・かぐや」として販売

# 家畜のエサにも竹パウダー

## 子牛の下痢に乾燥竹粉

全国に名だたる子牛の生産地、鹿児島県薩摩地方で、ある地元産添加飼料が着々と広がっている。さつま町の竹を使った「乾燥竹粉」だ。微粉砕した竹パウダーを密封してサイレージにしたものと違い、常温でもすぐに変質せず、嗜好性もいい。子牛の下痢予防、あるいは治療効果が確認されているという。

製造方法は次のとおり。

**①粉砕して乾燥**

発生して一～二年の若竹を㈱大橋の竹粉砕機（36ページ参照）で粉砕後、天日干しに。ハウスの中にブルーシートを敷き、粉砕した竹を薄く広げ、一日に何度かかきまわしてムラなく乾燥。

**②ふるいにかけて微粉末に**

そのままではとがった大きい破片も混入しているので、電動のふるい機に二回かけ、細かいものだけを飼料にする。

実際に利用している事例では、

・一日あたり八〇～一〇〇g（朝夕に分けてエサと一緒に）の給与で、離乳後の四カ月齢以降の子牛に多かった消化不良性の下痢がぐんと減った。

・五カ月齢くらいになると乾燥竹粉が抜群に効く。下痢気味な子牛に一日一〇g程度給与するとすぐ治る。ひどい下痢でも、三日くらい倍量を与えると薬なしで元通り。

といった成果が上がっている。 編

**乾燥竹粉の製造・販売＝㈱竹宝（鹿児島県さつま町）**

＊二〇〇九年四月号「子牛の下痢に乾燥竹粉」

## 竹パウダーボカシで卵質アップ

**静岡県湖西市・近藤哲治**

浜名湖ファームでは、ウズラを約六万羽飼育しています。畜舎を建築して一〇年経つころから、ウズラの連作障害のようなものが出始めました。最初の産卵の出だしが遅く、卵の質が悪くなる時期も早くなってきたのです。畜舎の環境を改善するには微生物の力が必要だと確信した私は、まずEM菌を利用してボカシをつくり、エサに配合しはじめました。

上手に発酵したボカシの効果はかなりありました。エサの油分の劣化が抑えられ、ボカシの甘酸っぱい香りでウズラの食欲が増しました。糞のニオイが軽減され、糞を発酵させた有機肥料のリピーターも増えました。しかし、ボカシの発酵が季節により毎回うまくいくとは限らないことが課題でした。

それが、材料に竹パウダー（㈲テックマンより購入、37ページ参照）を加えるようになってからは、それまでより明らかに発酵熱が上がるのが早くなりました。竹パウダーに含まれるミネラルや植物ホルモンが発酵のスタートダッシュの原動力になっているためだと思われます（これらを多く含む二～三年生の青竹を使うことが重要）。また、竹の静菌作用が、材料が腐敗に傾くのを防いでいるようにも感じます。竹パウダーの硬い繊維で通気性がアップするためか、米ヌカがダマになりにくく、全体が均一に発酵するようになりました。

ボカシの品質が上がることで元気なウズラに変わりました。病気にかかりにくくなり、今ではほとんど投薬の必要がなくなりました。卵の殻が硬くなり、甘みも増しました。近くの道の駅での卵の販売も好評です。

**◎竹パウダーボカシの材料**（できあがり約三〇〇kg分）＝米ヌカ一三五kg、フスマ六〇kg、竹パウダー二〇ℓ、タネ菌（EM活性液など）二ℓ、糖蜜二ℓ、水七五ℓ、くん炭四〇ℓ、岩塩ひと握り、浜名湖の深層水一ℓ

＊二〇一一年三月号「タダなのに効果大　竹パウダーボカシで卵質アップ」

## 米がうまくなる 熱とエサも生み出す
# 竹は無尽蔵の地域資源

石川県輪島市・合間修一さん

### ビックリするほど米がうまくなる

合間修一さん（六七歳）が竹の活用に取り組み始めたのは、かれこれ一〇年ほど前のことになる。竹の農業利用を早くから提案していた㈱バイケミの橋本清文さん（故人）と出会い、一・五haほどつくる米（コシヒカリ）でまず効果を確認した。米の収量は四〇〇kg（一〇a当たり、以下の施肥量も）ほどと多くはなかったが、玄米のタンパクが五・五％と低く、食味計で測っても実際に食べてみても、ビックリするくらいおいしい米がとれるようになった。

当初は、植繊機という機械でパウダー状に粉砕した竹を、暮れに荒起こししたあとの田んぼに五〇〇kgふっていた。その後、春になって行なう代かきは、できるだけ浅く。「竹生肥（竹を粉砕しただけで発酵していないもの）はすきこまず、なるべく土の表面に」と橋本さんに教わったからだ。

五年ほど前からは、竹パウダーの代わりに、竹をチップ状に粉砕したものを堆肥にして一〇a二t入れている。散布量は以前の四倍。散布時期は四月に遅らせ、それも荒起こしをする前に散布するようになった。竹チップ堆肥は、トラクタのロータリで土中にすき込まれることになるが、植繊機でつくった生の竹パウダーと違って半年以上かけて堆肥にしたものなので、土中にすき込んでもイネに障害が出るようなことはない。

### チッソは増やしていないが米の収量が増えてきた

竹パウダーが竹チップ堆肥に変わった以外は、施肥のやり方に大きな変化はない。チッソ肥料の元肥はなし。初めて施肥するチッソ肥料は、田植えの一週間後に硫安（チッソ二〇％）を七〜八kg。これは、イネのための肥料というよりは竹チップ堆肥が分解するときに必要なチッソを補うためだ。その後、穂肥として三要素入り（チッソ・リン酸・カリとも一五％）の化成肥料と硫酸マグネシウム肥料を一五kgずつ。硫酸マグネシウムは、マグネシウム（苦土）が登熟や食味をよくすることを期待してのことだ。

玄米のタンパクが五・五％と低く仕上がるのは現在も変わらない。収量は少しずつ増えて、最近はコシヒカリが安定して四五〇kgほどとれるようになってきた。「チッソを余計にやって収量が増えるなら味が心配だが、勝手に増える分には大丈夫」と合間さん。収穫した米は三〇kg一万三〇〇〇円で売れている。

### カブトムシは竹チップ堆肥が大好き

だが竹は、米の味をよくするだけではなかった。合間さんの竹とのつきあいは米づくり以外にも広がっている。

「この黒い四角い粒々。これがカブトムシの糞ですよ」

三〜四月頃に粉砕した竹チップを山積みにしたというから、取材のときは九カ月ほどたっていた。その竹チップ堆肥の表面に、炭を砕いたような真っ黒い粒々が無数に散らばっているのだ。

竹チップ堆肥の山を掘ると
カブトムシの幼虫が次々出てきた。
12月下旬だが、5㎝くらいの大きさになっている

合間修一さん。整備したこの竹林では、林床に竹チップをマルチしたら12月にタケノコが採れた。林床で甘草の試験栽培も始めている

材料は竹チップ一〇〇%。それを山積みすると発酵して熱が出るが、四カ月ほどたつと表面の温度は下がってくるので、カブトムシの成虫が勝手に卵を産む。それが孵化して幼虫が堆肥の中で育つ。堆肥の山を掘り返してもらうと、五〜六㎝ほどに育ったカブトムシの幼虫が次々出てきた。

合間さんによると、一匹の雌が五〇〜七〇個の卵を産むそうだ。自然の中では天敵に襲われたりしてだいぶ減るが、堆肥を網などで覆えばそれを防げる。すると、竹堆肥一㎥中に約一〇〇匹の幼虫が育つようになるとのこと。また幼虫一匹は、成虫になるまでに三ℓの竹チップを食べ、この四角い粒々の糞を一万個放出するそうだ。一万個でちょうど一㎏くらい。まだ実際には売り始めていないが、竹チップ堆肥の販売許可のほか、この糞だけを集めて肥料にして売る許可も取得してあるそうだ。

## 竹を何段階にも活かして地域おこし

カブトムシは子どもに人気があるので、成虫の販売も少しは始めている。だが、合間さんが考えているのは、どんどん殖える幼虫をタンパク源として活かすことだ。すなわち家畜や魚のエサにす

竹チップ堆肥。山積みしただけで勝手に発酵、4カ月ほどたつとカブトムシが産卵する

堆積したチップの表面に見える黒い粒々がすべてカブトムシの糞。幼虫は発酵熱を避けるようにチップの中を移動、糞を山の表面に押し出す

山積みした竹チップの中では白い菌糸が繁殖。切り返しをマメにすれば、堆積して半年くらいで田畑に利用できる

る。何よりも勝手に殖えるので費用がかからないし、人間の食料と競合しない動物性タンパクであることがこれからの時代には有望だ。

「竹にますます魅力を感じたのは、タダのものでありながら、熱を出し、カブトムシを殖やし、エサになり、さらに肥料になるという何段階もの活用法が見えたからです」

建設業を営みながら米をつくってきた合間さんは、ここ能登の荒れた竹山をきれいにするとともに、高齢化や過疎化で元気をなくしている地元の農林漁業を再興したいとずっと考えてきた。竹を活かせばそれが実現できるのではないかと手応えを感じている。

竹チップをマルチした竹林では、チップの発熱や保温効果のおかげか、一年後の十二月にタケノコが採れた経験もしているそうだ。竹チップを堆肥にすると、切り返しや水分補給をうまくやることで、五〇～六〇度の熱が最大二年近くも続くことがわかっている。この発酵熱を活かせば冬でも野菜がつくれるし、野菜どころか、ハウスの中でドジョウやエビの養殖もできる。

そして、発熱した後の堆肥の中で殖えるカブトムシの幼虫は、その養殖のエサや豚のエサになる。実際、試してみると、豚は喜んでカブトムシの幼虫を食べるし、冷凍乾燥すれば魚のエサになることも実証済みだ。

最後に残った堆肥やカブトムシ糞の肥料は、農薬や化学肥料に頼らずおいしい米や野菜をつくるのに役立つ。

竹を育てるのに、タネや苗はいらない、肥料も農薬もいらない、農機もいらない。木を育てるなら三〇年、四〇年かかるが、竹は一年で成竹になる。畜産も養殖も、エサ代・燃料代がかさむようではうまくいかないが、竹をうまく利用すれば費用をうんと減らしてやれそうなのだ。

二〇一〇年、そんな合間さんの取り組みを事業化して地域の雇用に活かす構想が、石川県の「ふるさと雇用再生特別基金事業」に採用された。期間は二〇一〇年十二月一日から二〇一二年三月三十一日まで。助成金で四人を雇用し、合間さんを含む五人が能登の荒れた竹林を伐採しながら、竹チップ堆肥の有効活用技術の開発に取り組んでいる。二〇一一年の一年間では約二五haの竹林を整備し、すでに一五ha分の伐採竹をチップにして資源化しているそうだ。（編）

**竹チップを詰めた発酵槽（60㎡、約60度）内を通したパイプで水を温め、ドジョウを養殖。冬でも22度以上の水温を確保することで稚魚の生長を促進する。仲間の建設業者が行なっている**

**県職員から「帰農」した仲間は、竹チップ入り発酵床で豚15頭ほどの小規模肥育を実践中。糞処理の必要がない。竹炭をエサに混ぜているほか、竹パウダーをペレット化してエサにする試験も近々始める**

# 市販竹パウダー機と竹パウダーの入手先

（2012年1月1日現在、価格は予告なく変更する場合があります）

## 竹粉砕機　GS121GB

竹を枝葉つきのまま投入でき、1時間当たり100～120kgをチップ化・パウダー化できる。竹の投入口にオプションのフラット爪を装着すれば、自動で竹の送り込みができるので作業も安全。パウダー用φ5㎜／チップ用φ8㎜スクリーン搭載。価格 145万5825円（φ5㎜スクリーン）

㈱大橋
佐賀県神埼市千代田町崎村401
TEL 0952-44-3135

## 農業用植繊機
## トラクターマウント式TSY-15

トラクタを駆動機として流用できる。竹をパウダー化する過程での「膨潤」処理（圧縮、混練して繊維構造を壊す）は微生物活性を高める効果がある。また高温になることでパウダーが殺菌処理され畑での病害発生を防ぐ。価格 330万円

㈱バイケミ
兵庫県神戸市西区神出町小束野50-2
TEL 078-965-2021

## 竹粉製造機
## ＋竹・樹木粉砕機
## パンダパワー２

竹粉製造機にシュレッダーがついて竹パウダーも竹チップもこれ1台でつくれる。竹の枝葉はシュレッダーでチップ化できるので手作業で落とす手間が要らない。クローラーで自走させて現場で作業することも可能。価格 650万円

丸大鉄工㈱
静岡県浜松市東区有玉北町1300
TEL 053-433-1331

## 植環機
## ラブ・マシーン-ST15

ラブはRUB「揉む」に由来する、まさしく竹を揉んですりつぶす粉砕機。2本のスクリュー状の刃が回転して竹を破砕しながら強制的に送り込む。内蔵される3枚の固定刃と回転刃によって繊維まで破壊され、出来上がりはフワフワ粉末に。価格 841万円

㈱エヌケイ技研
福岡県八女市室岡984-6
TEL 0943-24-6050

郵便はがき

おそれいります
が切手をはって
お出し下さい

1078668

（受取人）
東京都港区
赤坂郵便局
私書箱第十五号

農文協
http://www.ruralnet.or.jp/
読者カード係 行

◎ このカードは当会の今後の刊行計画及び、新刊等の案内に役だたせていただきたいと思います。　はじめての方は○印を（　）

| | | |
|---|---|---|
| ご住所 | | （〒　－　）<br>TEL：<br>FAX： |
| お名前 | | 男・女　歳 |
| E-mail： | | |
| ご職業 | 公務員・会社員・自営業・自由業・主婦・農漁業・教職員（大学・短大・高校・中学・小学・他）研究生・学生・団体職員・その他（　） | |
| お勤め先・学校名 | | 日頃ご覧の新聞・雑誌名 |

※この葉書にお書きいただいた個人情報は、新刊案内や見本誌送付、ご注文品の配送、確認等の連絡のために使用し、その目的以外での利用はいたしません。

- ご感想をインターネット等で紹介させていただく場合がございます。ご了承下さい。
- 送料無料・農文協以外の書籍も注文できる会員制通販書店「田舎の本屋さん」入会募集中！
案内進呈します。　希望□

■毎月抽選で10名様に見本誌を１冊進呈■（ご希望の雑誌名ひとつに○を）

①現代農業　②季刊 地 域　③うかたま

お客様コード □□□□□□□□□□

17.12

## お買上げの本

■ご購入いただいた書店（　　　　書店）

●本書についてご感想など

●今後の出版物についてのご希望など

| この本をお求めの動機 | 広告を見て（紙・誌名） | 書店で見て | 書評を見て（紙・誌名） | インターネットを見て | 知人・先生のすすめで | 図書館で見て |
|---|---|---|---|---|---|---|
| | | | | | | |

◇ 新規注文書 ◇　　郵送ご希望の場合、送料をご負担いただきます。

購入希望の図書がありましたら、下記へご記入下さい。お支払いはCVS・郵便振替でお願いします。

| | | |
|---|---|---|
| （書名） | （定価）¥ | （部数）　部 |
| （書名） | （定価）¥ | （部数）　部 |

## 竹粉砕機「武蔵」

竹に加えて笹もパウダー化できる機械。投入口が両側にあり武蔵の二刀流ができるが、安全上、二刀流をするときは2人で作業すること。アルミ製なので軽くて錆びにくく、ジュラルミンプーリーを使っているのでベルトも長持ち。チップソーを40枚重ねた刃（笹用は30枚）で、竹10kgを約15分で粉砕。価格 55万5000円

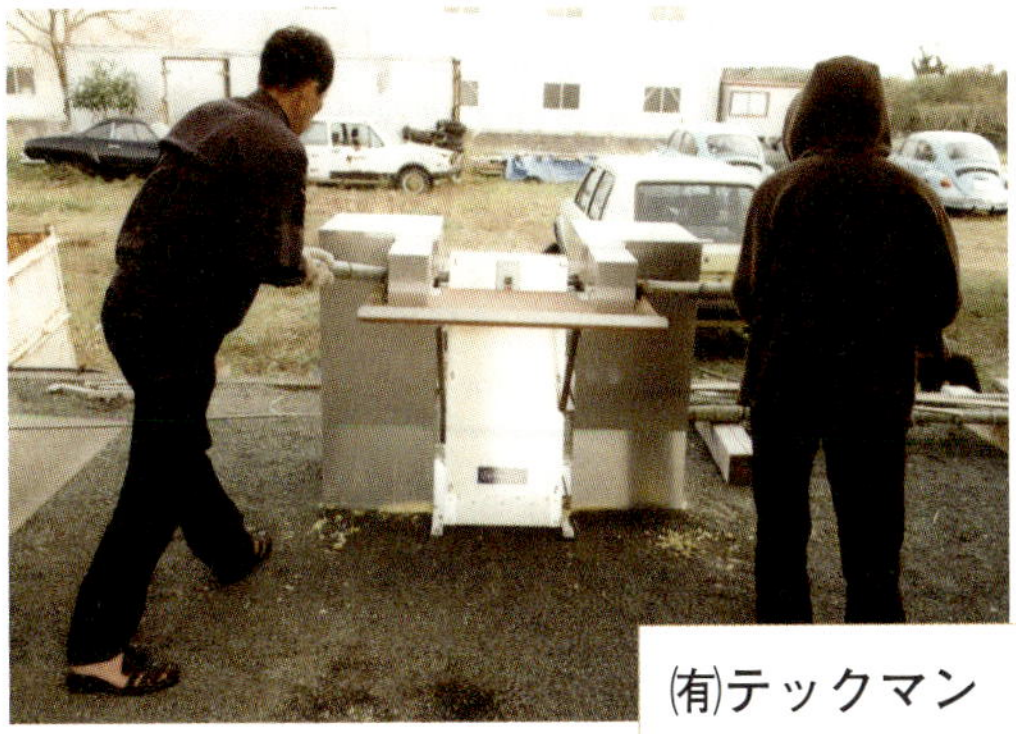

㈲テックマン
静岡県袋井市中新田671
TEL 0538-23-7815

## 超微粒子竹パウダー製造機

できあがるパウダーは竹の繊維すら残さない超微粒子なので乳酸発酵が速い。畑や家畜飼料としてだけでなく、漬け床からパンの発酵酵母など食品加工にも使える。竹を機械に据える台の高さ調整ができるので十数cmある太い竹から細いものまで対応可。価格 電動式52万円／ガソリンエンジン式 62万円

㈲八起産業
福岡県糸島市曽根770-5
TEL 092-323-2729

## 竹パウダーの入手先

| 会社名 | 問い合わせ先 | 種類 | 規格 | 竹パウダーの特徴 |
|---|---|---|---|---|
| 上勝町<br>有機農業研究会 | 徳島県勝浦郡上勝町大字生実字下野16-1<br>TEL 0885-44-6040 | 未発酵 | 3kg ￥1,000 | 粒の大きさ50ミクロン（0.05mm）以下、米ヌカのように細かい |
| キャタピラー<br>九州㈱ | 福岡県筑紫野市針摺東3-6-1<br>TEL 092-924-1211 | 発酵 | 1kg ￥800<br>5kg ￥2,800 | 粒の大きさ0.05mm、細かいので家畜飼料や敷料向き |
| | | 未発酵 | 10kg ￥3,000 | 粒の大きさ5～20mm、大きめなので畑向き |
| 合同会社<br>たまな | 東京都大田区田園調布1-28-7<br>TEL 03-6321-2787 | 発酵 | 1kg ￥735<br>5kg ￥2,625<br>25kg ￥7,875 | 製品名「たまなの素」<br>孟宗竹1～2年目までの若竹を使用 |
| 大国竹取物語<br>（任意団体） | 島根県大田市仁摩町大国1055<br>TEL 0854-88-3267 | 未発酵 | 30ℓ ￥800 | 「大国もやもや君」<br>一度チップ化した後に粉末化 |
| | | 発酵 | 20ℓ ￥400 | 「大国B君」<br>牛糞堆肥を混ぜて十分に発酵させている |
| ㈱ エヌケイ技研 | 福岡県八女市室岡984-6<br>TEL 0943-24-6050 | 未発酵 | 13～14kg（60ℓ袋）￥1,000<br>250kg（フレコンバッグ）￥12,000 | 「ちくまつ君」<br>孟宗竹を100tの高圧で粉砕 |
| ㈲ 杉本商店 | 兵庫県南あわじ市湊1338<br>TEL 0799-36-3960 | 発酵 | 1kg ￥400<br>5kg ￥1,500 | 「竹のちから」真空パック包装で腐敗の心配なし、田畑向き |
| | | | 1kg ￥600 | 「竹源気」1～2年目までの若竹でつくった乳酸菌発酵パウダー。家畜飼料向き |
| ㈲ テックマン | 静岡県袋井市中新田671<br>TEL 0538-23-7815 | 発酵 | 2.5kg ￥1,000 | 竹パウダーに笹パウダーを添加 |
| | | | 2.5kg ￥1,500 | 竹パウダー（笹パウダー入り）に炭を添加 |
| ㈲ 八起産業 | 福岡県糸島市曽根770-5<br>TEL 092-323-2729 | 未発酵 | 2ℓ（400g）￥450<br>10ℓ ￥1,500 | 「ゆめ竹」<br>竹繊維が全く残らない細かな粒 |
| ㈲ 百福食材研究所 | 岐阜県岐阜市西改田米野115<br>http://momofuku.jimdo.com/ | 未発酵 | 1m³ ￥25,000<br>（指導料を含む） | 植繊機で製造、親水性が良い。10a 3m³を地表面に施用 |

# 暮らしに活かす

## 咳止めに竹、アトピー・アレルギーにも竹
# 竹は薬草だ！

健康にも竹！
アトピーやアレルギーが増加している現代、
竹は一番体に取り入れる必要がある植物――。

村上光太郎

### リンパ液の流れをよくする竹

今年のお正月も門松をあまり見かけませんでした。経費節約のためでしょうか？　そもそもなぜ門松を立てることになったのか、その意義を見失ったからでもあるのでしょう。門松がただの正月飾りならわざわざ立てる必要はなく、紙に印刷して貼るだけでよいのでしょうが、本来は健康を重んじる先人の知恵の集積なのです。

その門松の存在を忘れたからこそ、各種の疾病におびえる今日があるといっても過言ではありません。今、一億総病人といわれるほど生活習慣病、アレルギー・アトピー疾患、精神神経疾患などに悩む人が多くなっています。人間が健康に生きるには血液とリンパ液の流れがよいことが第一です。これらの流れがスムーズであればウイルスや細菌に負けることもなく、各臓器の疾患を引き起こす心配もありません。しかし、流れが悪くなれば、各種疾患の発症につながります。

この血液の流れをよくするのが松で、リンパ液の流れをよくするのが竹なのです。これに気付いた先人が血液とリンパ液の流れをよくする植物を身近に置き、それを毎年忘れないようにと願って門松を立てるようにしたのです。

## 松竹梅の本当の意味

血液の流れをよくする植物はいろいろありますが、身近に植えることができて必要なときに必要な量を年中採集できる植物というと常緑の松しかありません。リンパ液の流れをよくする竹もまた同様で、身近でいつでも採集できますし、タケノコも食べられます。

この松と竹、あとは気力があれば健康な体が保てるのです。その関係は吉益南涯《よしますなんがい》により気血水説の理論としていわれはじめ、気力があれば血や水はうまく流れるが、気力が失せると流れなくなるという理論です。実際、人が一生懸命になっているときは少々無理をしても病気にかかりませんが、気が抜けるとかかりやすくなります。受験勉強で頑張った人が合格してやっと新しい場所になれた頃に病気になるという五月病や、家を新築したとき、棟上げがすんだ頃に病気になるなど思い当たることがあると思います。

ゆでてアク抜きしたタケノコでは、繊維を食べているだけ。掘りたてを皮をむかずにそのまま直火で焼いてみよう。タケノコのジベレリンが痛みに効く。腰痛や関節痛、神経痛・筋肉痛も忘れてしまう!?　とか。マヨネーズや味噌をつけてどうぞ（黒沢義教撮影、以下も）

笹茶をつくるための竹枝を切る筆者（右）

この気力を高揚させることができる人とできない人の違いは、胃腸が丈夫かどうかにかかっています。胃腸が弱く、常に不安を抱えていると、気力を出すことなんてできません。それでは、胃腸を丈夫にして常に食卓に置ける薬は？　というと梅干しがあります。これで、松、竹、梅の三つが揃いましたね。

## アトピー、アレルギー　今こそ竹の薬効を

さて、松竹梅の中でもリンパ液の流れをよくする竹。アトピーやアレルギー疾患が増加している今、一番体に取り入れる必要がある植物といえます。竹は、「竹茹《ちくじょ》」「竹葉《ちくよう》」「竹瀝《ちくれき》」「竹黄《ちくおう》」などとして、『神農本《しんのうほう》草経《ぞうきょう》』（二一七年頃、中国太古の炎帝神農《えんていしんのう》氏によって記述された書物）にも記載された由緒ある薬草なのです。

「竹茹」は竹の外側の青い部分をはいだ、その下の中間層を薄くはぎとったもの、「竹葉」は竹の葉で、二つとも病後の衰弱した体に残る余熱を除き、健康にさせるものです。「竹瀝」は青竹を焼いたときに切り口から出る汁で、喘息を治し、アレルギーなどを改善させる作用があります。この竹瀝が竹の幹の中で固まったものが「竹黄」となり、「天竺黄《てんじくおう》」ともいわれ、脳卒中やひきつけの薬にされます。

## 笹茶で健康維持

その他にも竹の手軽な活用法を紹介します。

咳が出てなかなか治まらずに苦労している人は、青竹の中に酒を入れてお燗したものを飲んでみてください。酒がおいしいばかりでなく、飲んだその夜から咳が治まります。酒の中に竹瀝が溶け込んでいるのです。

また、竹の葉付きの枝をまとめた束（直径一〇cmほど）に火をつけ、葉が半分ぐらい燃えたところで熱湯の中につけて、そのまま沸騰させます。この液をろ過して冷まし、常時服用するか、味噌汁やご飯を炊くのに使う水として利用すれば、喘息やアレルギー、アトピーが軽くなるだけでなく、各種疾患が快復しやすくなります。

焼かなくても竹の葉をそのまま煎じて、その煎液を使用すればよいと思われるかもしれませんが、実際に作ってみれば、その効果の違いがわかります。

燃やして作った竹の液は濃い黄色をしています。すべての葉を燃やさなくとも、近くに火があることで葉の中の成分がよく出るようになるのです。この液の中に酸性のもの、たとえば梅干しを入れるとあら不思議、液が真っ白く濁ります。そうです、竹葉を燃やして作った液はアルカリ性が強く、梅干しの酸と反応して塩ができ、白く濁るのです。このアルカリ性の強い液を飲むことで健康が保てるのです。でも、葉を煎じただけでは成分がここまで溶出しないので、反応しません。

竹の筒で炊いたご飯と、焼いた竹の葉のお茶、そのお茶で作った味噌汁、竹の筒でお燗したお酒、皮ごと焼いたタケノコのマヨネーズ和え……。一度、こんな竹づくしの料理を堪能してはいかがでしょうか？　次の日は朝から健康が体にみなぎっていることでしょう。

（熊本・崇城大学）

＊二〇〇五年四月号「咳止めに竹、アトピー・アレルギーにも竹　竹は薬草だ！」

# 豪快 笹茶づくり

1

竹枝を、束ねた直径で10㎝分用意。火をおこし、鍋にたっぷりの湯をわかしてから、束ねた竹枝に火をつけ、半分くらい燃やす。野外のほうが適しているかも

2

火がついた状態のまま、鍋の湯の中にジューッと突っ込む。そのままグラグラッと2～3分煮出すと、黒い液体に

3

キッチンペーパーで漉して、浮いた燃えカスなどを除く

4

完成！　美しい茶色で、まろやかな甘み。タケノコの味がする。季節を問わずいつでもできる強力健康茶。リンパ液の流れ・代謝をよくし、喘息・アトピー・アレルギーを改善

竹が薬になるなんて
知らなかったー

DVDでもっとわかる

# 竹パウダーを暮らしに活かす

## 恐るべし竹パウダー風呂！ 肌のシミが消えた！ 花粉症もスッキリ！

徳島・武田邦夫

### 美白効果あり？

自作の機械（16ページ）でつくった竹パウダーは堆肥にするだけではもったいないので、いろいろ試しています。その一つが「竹パウダー風呂」です。

竹パウダー風呂に入浴中

板で長さ一八〇㎝×幅七〇㎝×高さ六〇㎝の枠を作り、中に竹パウダー八〇㎏、米ヌカ二〇㎏、モミガラ二〇㎏、そこに竹パウダーをお湯で煮出して冷ました煮汁二〇ℓを混ぜ合わせます。

温度はゆっくり上がってきて、三日目で約三五度、四日目で約四五度、五日目で約六五度という感じで、甘酸っぱい香りになります。

五日目から温度が低い浅いところに入浴しました。私はもともと悪いところがありませんから体調もなにも変化がありません。ただ手の甲のしみが取れて、四回で体中の肌がキレイになってしまいました。竹パウダーづくりを手伝いに来ている後輩の多田光君は、真っ黒だった肌が真っ白になりました。

### 堆肥の切り返しで花粉症が治った

もう一つ偶然発見したことがあります。四〇年来、多田君を苦しめてきた花粉症がピタリと出なくなったのです。毎年二月になれば涙ボロボロ、鼻水ズルズルだったのですが、竹パウダーと牛糞でつくる堆肥の切り返し作業を任せたところ、症状が出なくなり、彼はとうとうマスクをはずしました。

竹パウダーに集まって殖えた乳酸菌などが、堆肥舎に充満し、鼻や口から飛び込み、花粉症の症状を抑えたのでしょうか。多田君は、同じように花粉症で悩む友達を七人連れてきて、切り返し作業中ずっと堆肥舎の中に立たせておきました。するとやはり彼らも花粉症が治ってしまったのです。その後も症状がぶり返した様子はありません。

※竹パウダー堆肥の問い合わせはTEL〇九〇―一〇〇一―九五一〇（武田）まで

（徳島県鳴門市）

＊二〇一〇年四月号「肌のシミが消えた！ 花粉症もスッキリ！ 恐るべし竹パウダー風呂」

## かき混ぜ不要でうまい漬物 竹パウダー漬け床

徳島・竹治孝義

竹のことならなんでも知りたい私は、これまでも独学で竹パウダー機や竹炭やき機などを開発してきました。そして去年は、知人がインターネットでみつけて教えてくれた「竹パウダー入りヌカ床」なるものにも挑戦しました。

今までのヌカ床は、毎日かき混ぜて空

気を入れないと、乳酸菌の働きが悪くなって漬物がまずくなります。とくに米ヌカに含まれる油分が通気性を悪くしているようです。ところが、米ヌカに竹パウダーを半分混ぜた漬け床は、油分の少ない竹パウダーのおかげで適度に通気性が保たれるので、かき混ぜる必要はありません。

もともと竹パウダーには乳酸菌が集まりやすいですから、良質の乳酸菌が活発に働いてくれて、今まで食べたことがないくらいうまい漬物が漬かります。

ちなみに竹パウダーだけの漬け床も試してみました。ヌカ漬け特有の風味は弱いのですが、やはり乳酸菌が活躍してくれて、爽やかな味わいになりました。

知人の竹パウダー入り漬け床は、去年の夏に何度か漬けてそのまま放置しておいたのですが、年が明けて見てみても悪くなった様子がありません。そのまま漬け床として再利用できたそうです。ヌカ床ではこうはいきません。

（徳島県阿南市）

＊二〇一〇年四月号「かき混ぜ不要で漬物がうまい！ 竹パウダー漬け床」

**筆者の竹パウダー漬け床は、竹パウダー 1kg、米ヌカ 1kg、塩250g、水2ℓの割合。よく見れば竹の繊維が見えるくらいで、ヌカ床と区別がつかない**

## 竹パウダーで生ゴミが消える

竹パウダーは生ゴミ処理にも利用できる。竹パウダーと発泡スチロールの容器などをセットにした生ゴミ処理キットを販売するグループもある。

福岡の主婦グループ「エコママ」が販売するキットには、攪拌用のシャベルと布カバーまでついている。発泡スチロールの箱に竹パウダーを入れたら、あとは毎日生ゴミを入れ、シャベルでかき混ぜるだけ。生ゴミは細かければ二〜三日で消えていく。四隅や下のほうもよくかき混ぜ、通気性のいい布カバー（箱のサイズぴったり、エコママお手製）をしておく。箱がいっぱいになったら生ゴミを入れるのをやめ、布カバーをして待つ。二週間くらいで生ゴミが消えるので、これと土を一：四の割合で混ぜ、野菜や花づくりに使う。 編

＊二〇〇九年四月号「竹パウダーで生ゴミが消えた」

**「エコママ」が販売する竹パウダー利用の生ゴミ処理キット。700円（竹パウダーのみは300円、ともに送料別）**

**〈竹パウダー生ゴミ処理キットの販売先〉**

- エコママ（福岡） TEL0940-43-0976（橋本さん）
- 上勝有機農業研究会（徳島） http://oyasai.main.jp/

# 竹の旺盛な生命力が宿る水
# 竹水を味わう

平石真司

竹の節間にたまった竹水をとる

## 厄介者の竹林が大変身

横浜市は神奈川県の竹林面積の三割を占めており、昭和四十年代までは関東地方でも屈指のタケノコの産地として有名でした。しかし、現在は利用されることもなく、市内のいたる所で見られる荒廃した竹林が、その面影を今に伝えています。その横浜を拠点に活動する私たち「日本の竹ファンクラブ」では、竹林管理の一環として竹水づくりを行なってきました。

きっかけは、シーズンを過ぎた五月以降のタケノコが見向きもされず、放置されていたことです。この時期、大量発生する不要タケノコは、放置すれば竹林の荒廃を招くだけでなく、畑や山林に侵食する厄介者に変身してしまいます。なんとかこのタケノコを有効活用することで、市民と竹林の保全活動をつなぐことができないかと思案していたところ、二〇〇二年三月、南伊豆で竹水と穂先タケノコづくりを実践されていた山本剛さん（52ページ）にお会いし、私たちも横浜で竹水づくりをスタートさせることになりました。

## 五月初旬、二m残して切る、穂先タケノコも絶品

竹水づくりの準備は、五月初旬、タケノコがいっせいに伸長

竹の切り口からにじみ出る樹液（竹水）
（倉持正実撮影）

しはじめる頃に行ないます。親竹として残すタケノコ以外の中から大体三mくらいに伸びたものを探して、ノコギリで二mくらいの高さになるよう上部を切り落とします。

竹水は、早いものでは二週間もするとたまってきます。各節間にたまっていますが、地際の節間と上部の節間にはほとんどたまっていません。長くおけばたくさんたまるというわけでもありません。一カ月ぐらいがピークのようで、それ以上たつと逆に稈が腐り始め、竹水も濁ってきます。

二〇〇二年に行なった例では、一回目の取水を五月十九日に実施。切ってから二週間ほどたった稈二~三本から、およそ二〇〇ccの竹水を採ることができました。二回目は一カ月後の六月十六日。一本で四〇〇~六〇〇ccの取水も可能な稈もありました。しかし、七月に入ると稈は腐り、取水できる状況にありませんでした。

なお、切り残したタケノコは竹水を採るためにそのまま放置しておきますが、切り落としたタケノコのほうは、穂先タケノコとして食します。この穂先タケノコは五月から六月ごろまで長期にわたり収穫できます。四月のタケノコとはまた違った食感と歯ごたえです。

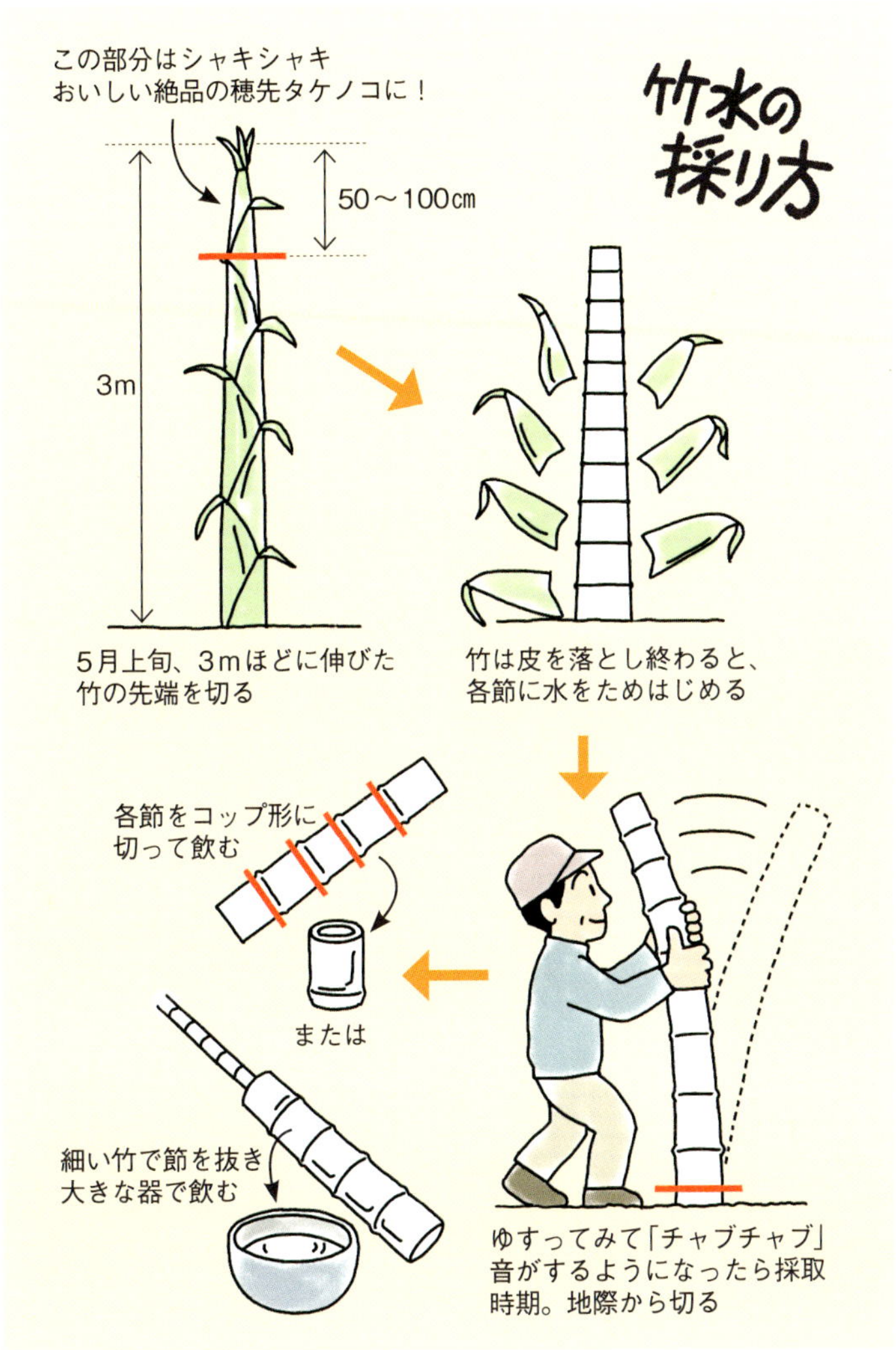
竹水の採り方
この部分はシャキシャキ
おいしい絶品の穂先タケノコに！
50～100cm
3m
5月上旬、3mほどに伸びた
竹の先端を切る
竹は皮を落とし終わると、
各節に水をためはじめる
各節をコップ形に
切って飲む
または
細い竹で節を抜き
大きな器で飲む
ゆすってみて「チャブチャブ」
音がするようになったら採取
時期。地際から切る

## 野趣にあふれた爽快な味！

竹水は、ほとんどの竹にたまりますが、たまっていないものもあります。切り出す際は、稈を揺すってチャブチャブと水の音がするものを見つけて、下のほうからノコギリで切り取ります。

その場で飲む場合は、たまっている一節を切り取り、そのまま一気に飲みます。その場で飲んだ人たちは「竹林で飲む竹水は豪快で野趣にあふれ、爽快だった」「最初は恐る恐る飲んだが、けっこういけるので驚いた」などと感動したようすで話していました。

その場で飲まない場合は、切り出した竹を一カ所に集め、切りカスが入らないようキッチンペーパーなどでこしながら取水します。竹水でコーヒーを沸かした人から「生よりコーヒーのほうがおいしく感じた」という感想も寄せられました。

**（日本の竹ファンクラブ　神奈川県横浜市）**

＊二〇〇四年三月号「やってみました！竹水づくり」

# 竹パウダー酵母液を料理に、化粧水に

福岡市・飯田聡子さん

飯田聡子さんの趣味は天然酵母づくり。数ある酵母の中でも、いちばんのお気に入りが「竹パウダー酵母」なのだそう。煮沸消毒したビンに竹パウダー（37ページの「ゆめ竹」）、ぬるま湯、ハチミツを入れて一週間ほどおく。ビンの底の竹パウダーから、プクップクッと泡が出てくれば完成だ。

この竹パウダー酵母は、魚・肉料理に大活躍。調理前に三〇分ほど材料を漬け込むだけで、青魚のニオイが薄まるし、安くて硬い肉だってトロットロの食感になる。

また、サラダに欠かさないのが、酵母液を使ったドレッシング。濾した酵母液にオリーブオイルやお酢、炒りゴマを混ぜて好みの味にしたもので、使い続けて三カ月で、悩みのタネだった便通がよくなったそう。

そのほか、「竹パウダー酵母化粧水」も愛用品。肌がシットリとするうえ、ちょっと気になっていた体臭もなくなった。 編

## 竹パウダー酵母のつくり方

①煮沸消毒した容器に、竹パウダー 50g、煮沸してカルキを抜いたぬるま湯400g、ハチミツ20gを入れて、フタを閉じる
②夏場は常温、冬場は10度を下回らないようにして保管。1日1度、フタを開ける
③竹パウダーから泡がプクプク出てくれば完成（5～7日間が目安）
※すぐ使わないものは冷蔵庫で保管する

竹パウダーから泡が出てきたところ

竹パウダー酵母ドレッシング

## 竹の生命力を取り込む

# 竹塩

山梨県北杜市・相吉良輔さん

やきあがった竹塩。竹を切って作った器に塩（相吉さんは梅干し・漬物用の粒子の細かい瀬戸の本塩を使う）を詰め、アルミホイルで2～3重に巻き、炭窯の中の温度がよく上がるところに置く

### 口の中にフワッと広がる塩味

何も聞かされなければけっして口に入れないだろう灰色の粉末。それを一つまみ、舌の上に落とす。すると、その前になめていたふつうの塩（といっても瀬戸の本塩だが）よりも溶け出しが早く、口の中にフワッと塩味が広がる。そして、その塩味が鼻の奥からノドを通るとき、ふつうの塩のようなイガイガした感じがない。

これは相吉《あいよし》良輔さん（五八歳）が炭窯でやいた竹塩である。相吉さんは「まろやかな味でしょ？　トガリがないんだな。やきたては硫黄のにおいもする。温度のかかり方で灰色っぽいもの、茶色っぽいものなど、いろいろ」という。奥さんのよしみさんは「これで顔もツルツルになるのよ。濡れた手のひらにつけた竹塩を、濡らしておいた顔にまぶすだけ」という。すかさず相吉さんが「そりゃ、もったいないよ。生野菜のつけ塩とかにしてほしいね」。

### やくなら四月

竹塩はもともとお隣・韓国で古くから伝わる民間医薬である。辺山半島海岸の天日塩を三年生以上の青竹に詰め、黄土でフタをし、松の薪で八〇〇度以上、八時間くらいやく。竹が燃え尽きて、円筒状の塊になった塩を粉砕し、また青竹に詰めてやいてを八回くらい繰り返す。九回目に松脂を加えて一五〇〇度以上でやき、冷えて固まった塊を粉砕した薄紫色の粉末が竹塩である。天日塩のミネラル類、黄土の硫黄分、松の木や松脂の成分、竹の成分が溶け込んでいるらしい。

相吉さんは、炭は畑で木酢・竹酢を使うため、以前からドラム缶でやいてきた。竹は隣の韮崎市から切ってくる。これを炭材や燃材にしてきたが、前述のような効用を知って竹塩もやくようになった。本場のものには及ばないまでも、竹の成分などをある程度、塩に移して楽しもうという手軽な竹塩作りである。

相吉さんによると、竹塩がうまくやけたかどうかは器でわかるとか。「ツヤのある竹炭になっていればOK。くすんでいれば生やけ。炭窯ではやき過ぎて灰になるようなことはないから、なるべくしっかりやく」。そのためには、炭窯の燃焼室に近い上のほう、早く火が回るところに置くといい。

また「竹塩をやくのは四月に限る」という。タケノコがスーッと伸びるように、竹はこの時期、旺盛に養水分を吸い上げ、ミネラル類に富んでいるからだ。その成分を竹塩に移したい。　編

＊二〇〇六年五月号「炭窯で、ストーブで簡単にやいてみました　竹塩！」

## イベントで大人気
# 竹テント 作ってみませんか？

神澤則生

ニッポンの農村に眠る資源を有効活用する取り組みを進めるNPO法人トージバでは、荒れた竹林から今までにない新しい製品を生み出す取り組みとして「バンブーファクトリー」というプロジェクトを立ち上げて活動しています。その活動の中で生まれた組み立て式イベントテントが「竹テント」です。

　竹の持つ清らかで涼しげなたたずまいと、金属にはない温かみ、そしてコンパクトに折りたためて女性にも扱える軽さが好評で、各地で行なわれるイベントなどへのレンタルも行なってきました。多くの人に見てもらうたびに、購入したいという話をいただくのですが、この竹テントは販売はしていません。欲しい方には、トージバのスタッフが各地に出向き、その地域にある竹をみんなで切って組み上げるワークショップを開催しています。

　ワークショップで作った竹テントは、地域の朝市やお祭りなどのハレの日にお披露目されています。多くの人の目に触れることで達成感も生まれ、思った以上の効果を生んでいます。

（トージバ・バンブーファクトリー）

＊二〇一一年九月号「イベントで大人気　竹テント作ってみませんか？」

### ● 油抜き

　材料の竹は、そのまま使わずに「油抜き」を行ないます。油抜きをすることで表面の汚れが落ち、虫に食われにくくなります。方法は、焚き火か炭火で竹の表面をまんべんなく炙り、乾いた布で浮いた油を拭き取ります。竹の色が淡い緑に変わるまで炙ります。

　この際、竹の節は破裂しないように鉄棒などで抜いておくこと。油抜きした竹は、約１カ月程度天日に晒すときれいな淡い黄色の晒し竹になります。

油抜きの様子

これが竹テント！
イベントでの使用風景

# 竹テント製作のポイント

## ● 竹の選び方

竹テントに使う竹の種類は、主に真竹。柱に孟宗竹を使うこともありますが、細くて軽い真竹かハチク（淡竹）が竹テントには向いています。

使用するのは３～５年生の竹です。選ぶときの目安は、若い竹では白くなっている節の下の部分が黒くなっていることです。切り出し時期は１１月～１月の切り旬がベスト。この時期の竹は生長も止まっていて水分も少ないので、虫に食われにくくカビも生えにくくなります。

使う竹のサイズは、竹テントサイズが間口2.6m×奥行2.6m（約１間半×１間半）の場合、柱には直径50㎜・長さ２m、梁は直径32～40㎜・長さ2.6m、屋根部と頬杖は直径25㎜・長さ0.8m～2.6mの竹を使います。

## ● 材料の組み立て

必要なサイズに切って油抜きした竹を組むには、雨樋などを建物に止める「鋼管用吊バンド」とビニールハウス部材の「ユニバーサル」などを主に使います。

釘がきかない中空の竹を固定するには、金具に穴を開けてボルトで留める方法を使います。

組み立てにかかる費用は、組み立て金具、ネジ類、天幕シート（既製品ホワイトシート）などで約２万円程度です。

トージバの拠点がある千葉県神崎町では、月に１度程度ワークショップを開催しています。竹林の整備方法、竹の切り出し、油抜き、組み立てまでを２日間で行なうワークショップです。その他、各地に出向いてのワークショップも開催可能です。費用などの詳細はお問い合わせください。

トージバ・バンブーファクトリー
千葉県神崎町　TEL & FAX 0478-70-1353
http://www.toziba.net

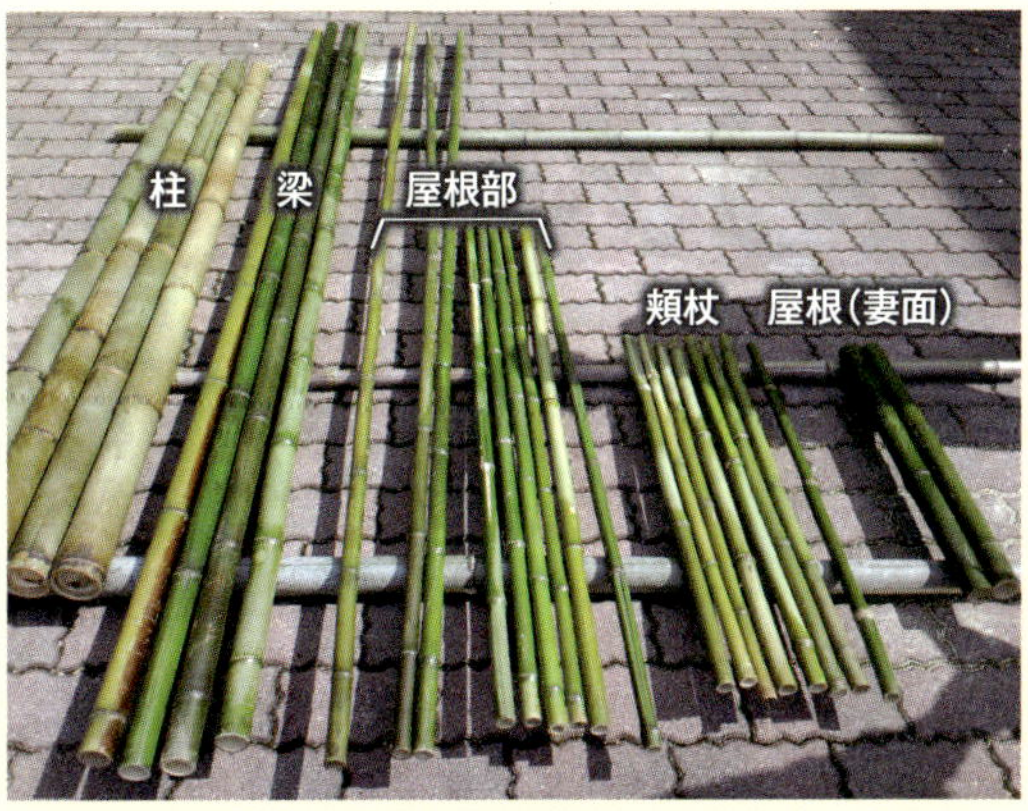


１張の竹テントに使用する竹部材

使用する金具。左からユニバーサルジョイント、ユニバーサルロング、鋼管用吊バンド

頬杖用の竹にユニバーサルロングを取り付ける。金具に穴を開けてボルトで固定

柱と梁が組み合わさった部分

完成した竹テント。分解や再組み立ては女性でも簡単

# 竹DEあ～と

田中康弘

## ● 竹の下からタカを掘り起こす

――鳥取県八頭町・西村通弘さん

このタカが全部竹！　黒い部分はバーナーで焼き色をつける。ニスを2度塗りすれば完成。竹の根の色そのままの白鷹も人気がある

原材料の「竹の根」なのです。先の曲がり具合がポイント

掘りとった竹の根から、先端の形のいいものを選び、だんだん削ってタカになっていくのでした

西村通弘さん

厄介者の竹が驚きのアートに大変身。西村通弘さん宅の玄関を入ると、目の前にはがっしりとした作りのタカが大迫力で構えていた。これが竹？

「よく言われますね。でも正真正銘、全部竹です。このタカの部分は竹の根っこなんですよ」

論より証拠、加工前の姿を見せていただくと……おおおっ！　竹の根を見たのは初めてだが、これは巨大タケノコか、ずんぐり太めの筆といった感じだ。

「掘るのが大変なんですよ。ツルハシやら使ってね」

大物になると掘り起こした時の重さが三〇kgはあるというからかなりの重労働。それなのに、苦労して手に入れた竹の根が、必ずしもタカになれるわけではないらしい。

「根っこの先が曲がっとらんといかんのです、タカのくちばしにするには。いい形を見つけると疲れも吹っ飛びます」

＊二〇〇六年九月号「農DEあ～と16　竹の下から掘り起こせ」

## 虫は竹の仲間だった？

――栃木県益子町・関根理夫さん

これも竹。クワガタとカブトムシはやっぱり一番人気

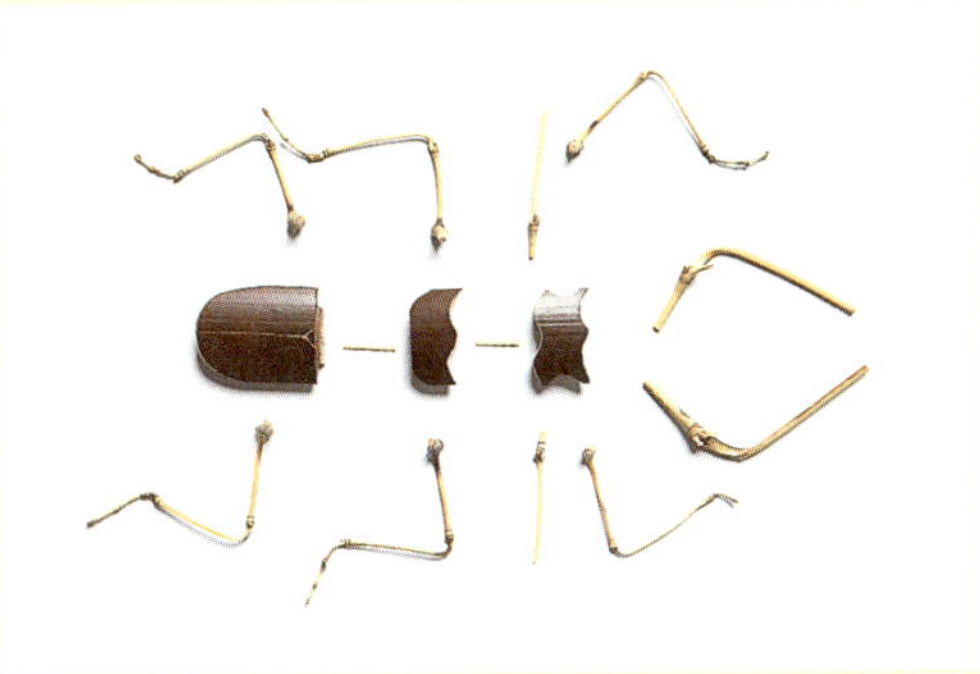

クワガタのパーツ。このパーツ作りが大変。胴体の茶色は煤竹を磨いて出す

バッタ

関根理夫さん

竹マスター・関根理夫さん宅の工房を覗くと、本業の竹籠を編んでいる人たちがいた。

「ああ、でも私にはできないんですよ、カゴは。私が作るのはこちらです」

そう言って見せてもらったのはカブトムシにクワガタ・バッタ・カマキリ・クツワムシ・トンボ・コオロギ・ハンミョウ・ナナフシ・カニ……。その種類四〇以上。ほぼ原寸大の虫たちはかなり精巧だ。そして何か不思議な力を宿している。ひょっとして昆虫は竹の仲間か？と思えるくらいにぴったり。木や草の上に乗せてみると、これまたすっと馴染む。

ハンミョウの背中に触るとぴょんと反応する。こいつは活きがいい。うっかり机の上に置きっぱなしにしておくと、どこかへ飛んで行ってしまいそうである。

＊二〇〇七年八月号「農DEあ〜と23　虫は竹の仲間だった？」

# 竹山を管理する

竹好き親子に教わる

## 竹山が楽しくなる管理法

■静岡県南伊豆町・山本剛さん／山本哲農さん

竹山を一〇haもち、竹炭やきでは有名な山本剛さん（七〇歳）に、竹山管理のとっておきの方法を聞いてみた。息子の哲農さん（三三歳）は、竹伐倒を専門に勉強したという若者で心強い。荒れた竹やぶに手をやいている人たちに、何かいい知恵をお願いしま〜す。

DVDでもっとわかる

山本剛さん・哲農さん親子。竹林10haミカン1haの経営（写真はすべて黒澤義教撮影）

# 竹を切って山から出す

## 帯状間伐でヤル気を出そう

竹が鬱蒼と茂っている山を見ると、どこから手をつけていいか考えてるうちに気持ちが萎えちゃいますよね。端から順に皆伐するよりは、まずは傾斜に沿って幅5mくらい「帯状間伐」してみるのも手ですよ。

・日当たりがよくなって、いいタケノコが出る
　→とりあえずヤル気が出る
・竹を倒したり、搬出するためのスペースができる
　→作業しやすいので、やはりヤル気が出る

## 竹の切り方の基本を知ろう

山の木を切るやり方と基本的には一緒ですが、竹は切りやすいですよ。まず、倒す方向を決めます。帯状間伐して空いたスペースにうまく倒すといいですね。

倒す方向に、こんな形に切り込みを入れる（受け口）

反対側から半分くらいまで切り込み（追い口）

最後は手で押し倒す。チェンソーでもノコギリでも切り方は同じ。この基本の切り方をマスターしておくと、土日竹山仕事も楽しくできる

## ● シューターで流す

山で竹を切ったとして、それをどうやって下まで運ぶかが問題です。

僕が今おもしろいなと思っているのは、この「修羅シューター」です。県の農林事務所といっしょに試験設置したものなんですが、竹を斜面に沿って流す滑り台ですね。昔から林業の世界では、切った木を木組みの上に滑らせる「修羅」という木出しの方法があるようで、こういうシューターも林業で利用している人はいると思います。竹でも使えることを実証して、各地の荒れた竹山をきれいにする力になりたいですね！

切った竹をその場で2mくらいに玉切りしてシューターで流す

全長48mのシューターを、35度の急傾斜の放置竹林で試験。これはたまたま農林事務所にあったシューターだが、本来こんな立派な素材じゃなくても大丈夫。各自工夫してつくってみるのもおもしろい

シューターは、帯状間伐したところに設置した。傾斜がきつくて竹のスピードがものすごいので、途中にゴム製のブレーキ（引っかかって減速する）をつけたりして改良中

# 竹林の中で炭をやく

竹を切って山から下ろし、大いに活用するのは素晴らしいことだが、山から下ろす元気のないときや、それほど価値のない細竹・ササなどは、その場で炭にしてしまおう。竹林の中はじつは炭やきに最適の場所。みんなあまり知らないようだが、立っている青竹は決して燃えない。猛烈に吸い上げた水を体内にたくさん持ってるからだろうな。まあ初めてのときは心配だろうから、雨の日や雨の翌日にやってみたらいいと思うが、私は実際、異常乾燥注意報の日でもやりますよ。

1日かかって伐倒した竹全部を2～3時間で一気に炭化する。やわらかい炭だが、農業用ならこれで十分。穴いっぱいの竹炭なので、私は「ポーラス竹炭」とよんでいる。

竹林の中で平らな場所を選び、草を削り、地ごしらえ。古トタンを敷いてもいい。自家用の炭なら問題ないが、商品にするなら下はきれいにしておかないと、完成品に土やゴミが混じる

竹の小枝に着火。燃えやすい細枝と太い竹を交互に積んで、火を育てていく

とにかく次々に材料を投入し続け、一気に竹を燃やしていく。動きを止めず、竹をかぶせ続ける。ササが入ると大きな炎が上がり、太い節が入るとポンッとはぜる音がするが、ひるまない。一見、ただの野焼きに見えるが、竹は木材と違って肉が薄いので、外側の温度が上がると中まで「熱分解＝炭化」する。材料は、切ったばかりの生竹でもOK。見ていると確かに、炎の真上にせり出している竹の葉にも、火が移ることはなかった

炭化がすんだ部分に片っ端から十分な水をかけ、火を消していく（水は500ℓタンク１台は用意しておく）。鋤簾などで広げて、形が崩れず燃え残っているものは火にもう一度放り込む

## ねらいめ くん煙竹

もう一つ、最近のわが家の売れ筋は「くん煙竹」。切ったばかりの竹は水分が多いので、炭窯でやく前にくん煙処理して水分を下げるのだが、これがいい色合いになって、工芸品用に引き合いが強い。昔の家の囲炉裏の上で燻された「煤竹《すすたけ》」と同じようになる。

そのまま1日おいて乾かし、火が完全に消えているのを確認してから袋詰め。砕いたりしなくても、すぐにそのまま使える便利な大きさの農業用炭になっている

炭やき窯でもできるが、今は専用のくん煙窯でやっている。炭やきほど温度を上げず、80度くらいで1週間ほど熱と煙でいぶす。燃材が竹だと淡い茶色に、木材だと濃い茶色に仕上がるのも、趣が違っておもしろい

竹林を再生するのに一番の早道は、やはりちゃんとタケノコをとることだと思うよ。今、タケノコの国産割合は8%しかなくて、昨年の春から需要はとても多い。私のところにも全然知らない業者から注文が来るが、とても応えきれないほど。竹林再生の、今がチャンスだと思いますよ。

＊2009年4月号「竹好き親子に教わる、竹山が楽しくなる管理法」

# 竹のマメ知識

今年出た１年目の竹
・節が白い
・緑が鮮やか
・根元にタケノコの皮が残っている

３～４年目の竹
・節がやや黒くなってきた
・緑がやや赤みがかっている

７～８年目の竹
・節が黒い
・緑の輝きがない
→もう更新してもよい

## 竹の年齢の見分け方

竹は、生えたその年に太さも背丈も一人前になってしまって、見分けがつかない。だが、竹をこよなく愛する兵庫県の井垣重信さん（4ページ）が、竹の年齢の見方を教えてくれた。これがわかるだけで、のっぺらぼうに見えていた竹林が、急に親しみを持ってくるから不思議だ。

タケノコ生産のため、井垣さんは毎年10％ほどの竹を間伐する。節が黒帯になった8～10年生の竹は、もうタケノコを生む力がないから切ってしまったほうがいいそうだ。日当たりがよくなると、次のタケノコも俄然元気に出てくる。

## 中サイズ・小サイズのタケノコ栽培をねらうときは？

福岡県の竹林利活用アドバイザーの野中重之さんは、中小型タケノコ生産を薦めている。中小型タケノコを生産するには、親竹の太さも中小サイズにする必要がある。中小サイズの竹の地下茎は、地中の浅い部分に張るので、地温が高い分タケノコの発生も早い（タケノコのキロ単価は、１週間早いと100円以上高くなる）。しかも、中小型親竹は老齢竹の伐採作業もラクで、お年寄りや女性だけで十分可能なのも大きな利点。

タケノコの総収量（重量）は大型のほうが多いが、中小型のほうが1個当たりの単価が高く数も多いために、収入は慣行栽培に劣らないそうだ。

＊詳しくは農文協刊「新特産シリーズ　タケノコ」（野中重之著）をご参照ください

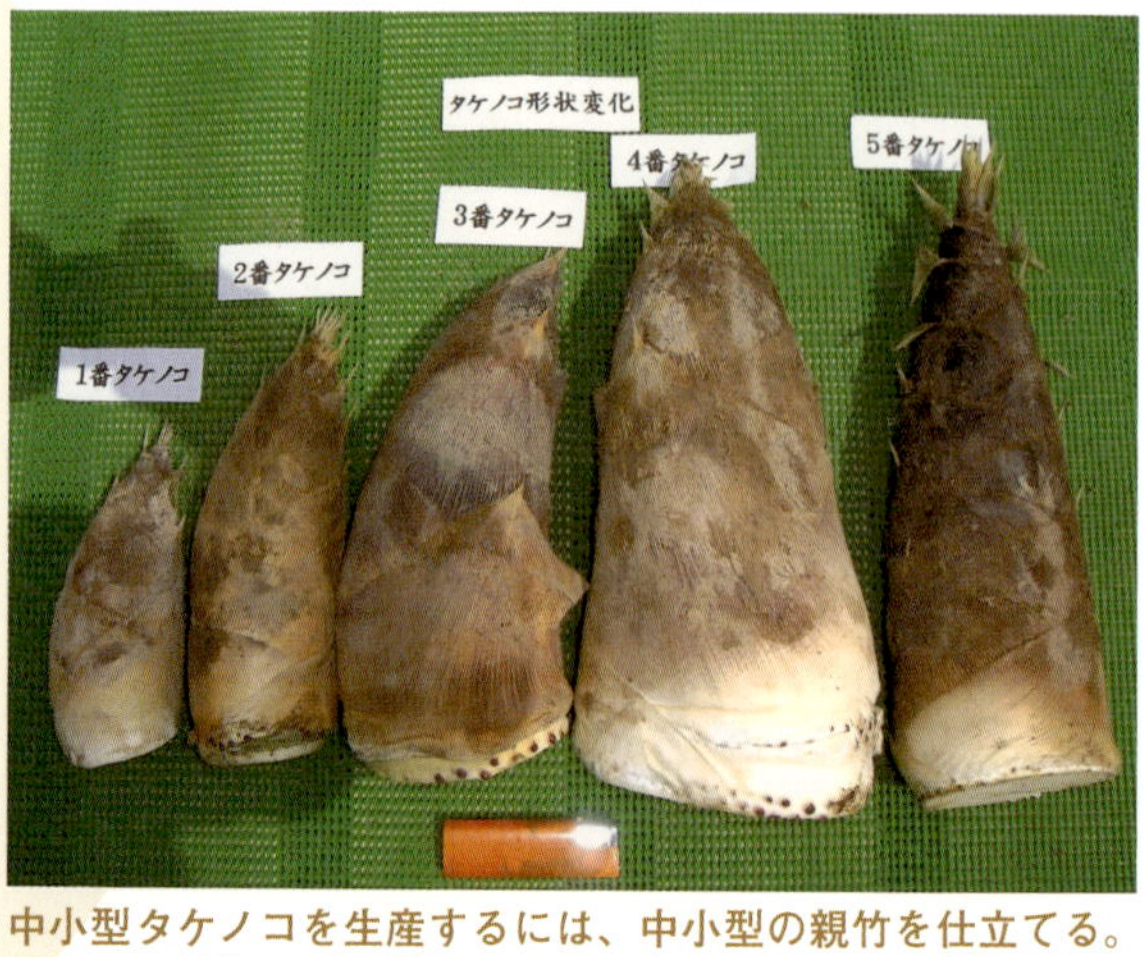


中小型タケノコを生産するには、中小型の親竹を仕立てる。タケノコはシーズン最初は100ｇくらいだが、最盛期の4月中下旬頃は1.5～2kg（写真では4番タケノコ）、その後はやや細く小型化する。そこで、最盛期より7～10日前の中型のタケノコ（3番タケノコ）を掘らずに、新親竹用として残すことがポイント（写真提供　野中重之）

## 「切っても、いつまでも青い竹」の謎

井垣さんの「粋竹庵」には、竹林から切り出してきた竹が数カ月たっても青々したままでいる。その秘密は、節ごとに竹の後ろ側に開けた穴。そこからたまに水を入れてやるだけで、竹はずっと青さを保つそうだ。

面倒なときは、節を抜いて水をたくさん入れておくだけでも、だいぶもつそうだ。

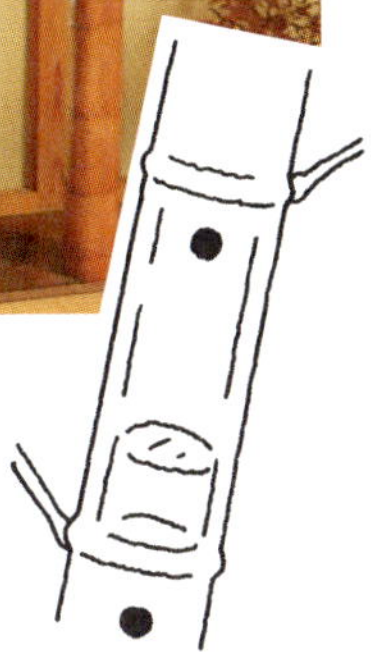

## ササの葉が丸まらない秘密は塩水

竹の葉やササの葉は、摘んでくるとすぐに蒸散して丸まってしまう。これをきれいに保つには塩水を利用する人が多い。

ＪＡ愛知東つまもの部会の皆さんは、摘んできたクマザサの葉を5～10％の濃度の塩水に一晩浸けて、それを洗い流してから出荷する。同様に、七夕用に幼稚園に売る竹の枝も、大きなポリタンクに塩水を作り、一晩ドブンと浸け込んでから届ける。こうすると、園児が家に持って帰るまで葉が巻かないそうだ。

インターネットでつまもの販売する高知県の下井幸恵さんもササの葉が売れ筋だそうだが、これは海水程度（3％くらい）の塩水に2～3時間浸けるのがちょうどいいと思っている。

ヒメコザサのつまもの
（写真提供　下井幸恵
http://www.takeno-hana.com/）

## 「油抜き」で竹が見違える

竹テントを作るようなときは、竹を長持ちさせるため48ページの要領で油抜きをする。表面の汚れが落ち、虫に食われにくくなるわけだが、このとき竹がじつに美しくなるのにもビックリだ。

DVDでもっとわかる

# 竹は1mの高さで切れば根まで枯れる!

群馬県渋川市・菊川照英さん

## 「1m切り」で竹が抜ける、竹が減る

「七年かかって、竹の根を根絶する方法がわかってきました」――そう話すのは竹林の間伐ボランティアを行なうNPO法人「フォレストぐんま21」理事長の菊川照英さん。

そのやり方はきわめて簡単。十二月から翌年二月までの間に一mほどの高さで竹を切るだけ。そうすると真竹などの細めの竹なら一年後には根元から抜ける。太くて肉厚な孟宗竹だと抜けるまでに二〜三年かかることがあるものの、抜けるときはやはり根こそぎなんだそうだ。

菊川さんが管理する竹林を案内してもらうと一mで切られた竹が乱立している異様な光景に出くわす。

「じゃ、抜いてみま〜す」

切ってから一年経った真竹を菊川さんが左右に揺さぶると、ブチブチッという音とともに竹が根っこごと抜けた。抜けた竹の根を触ってみると、指でポキポキと簡単に折れるほどもろくなっている。

地下茎はどうなっているのだろう。十二月というこの時期ならすでに地下茎には小さなタケノコが芽生えているはずである。固い地面と格闘しながら掘ること一時間、ようやく掘り当てた一m竹の地下茎には、タケノコがつくはずの部分がくぼんでいるのが観察できた!

菊川さんが実践する竹の一m切りは、地下茎をも枯らして新たなタケノコを生ませない強力な竹枯らしの効果がある。

菊川照英さん。1mで切った竹はやがて枯れて根こそぎ抜けるようになる。1mの長さがあれば、抜く時もテコの原理でラクラク抜ける(田中康弘撮影、Tも)

## 竹の根は切られたことに気づかない?

竹を枯らすには一m切りをする時期も重要なポイントになる。十二月から翌年二月にかけては竹が水を吸い上げなくなる冬眠期間。その間に一mの高さで切られると、竹は切られたことに気づかず、春になると旺盛に根が水を吸い上げてしまうようだ。その証拠に、一m竹の切り口を春にのぞいてみると、切り口から溢れた水が溜まっている。

竹はピーク時には一日に二〜三mも伸びるほど生長スピードが速い。ぐんぐんと伸び続ける竹が全身に水を巡らすには相当な吸水力があるはずだ。切られたことに気づかない一m竹は、春にそのままの勢いで水を吸い上げ、オーバーフローしてしまう。結果、次第に根や地下茎の養分まで使い果たし、一年も経つと根っこもろとも枯れてしまう……これが菊川さんの仮説だ。

「以前、地際で切っていた頃は春になっても切り株に水が溜まっていることはなかった。地際切りだと切られたことを根

## 地下茎まで掘ってみると…

タケノコがつく
はずの部分がく
ぼんでいる
1m切り竹

翌春に出るタケ
ノコが芽生えて
いる
地際切り竹

1m切りした翌春の竹（年末に切った竹を3月に撮影。1週間以上雨は降っていない）。切り口は湿り、溢れた水が中に溜まっている（菊川照英さん提供）

### 竹は12～2月に1mの高さで切れば枯れる

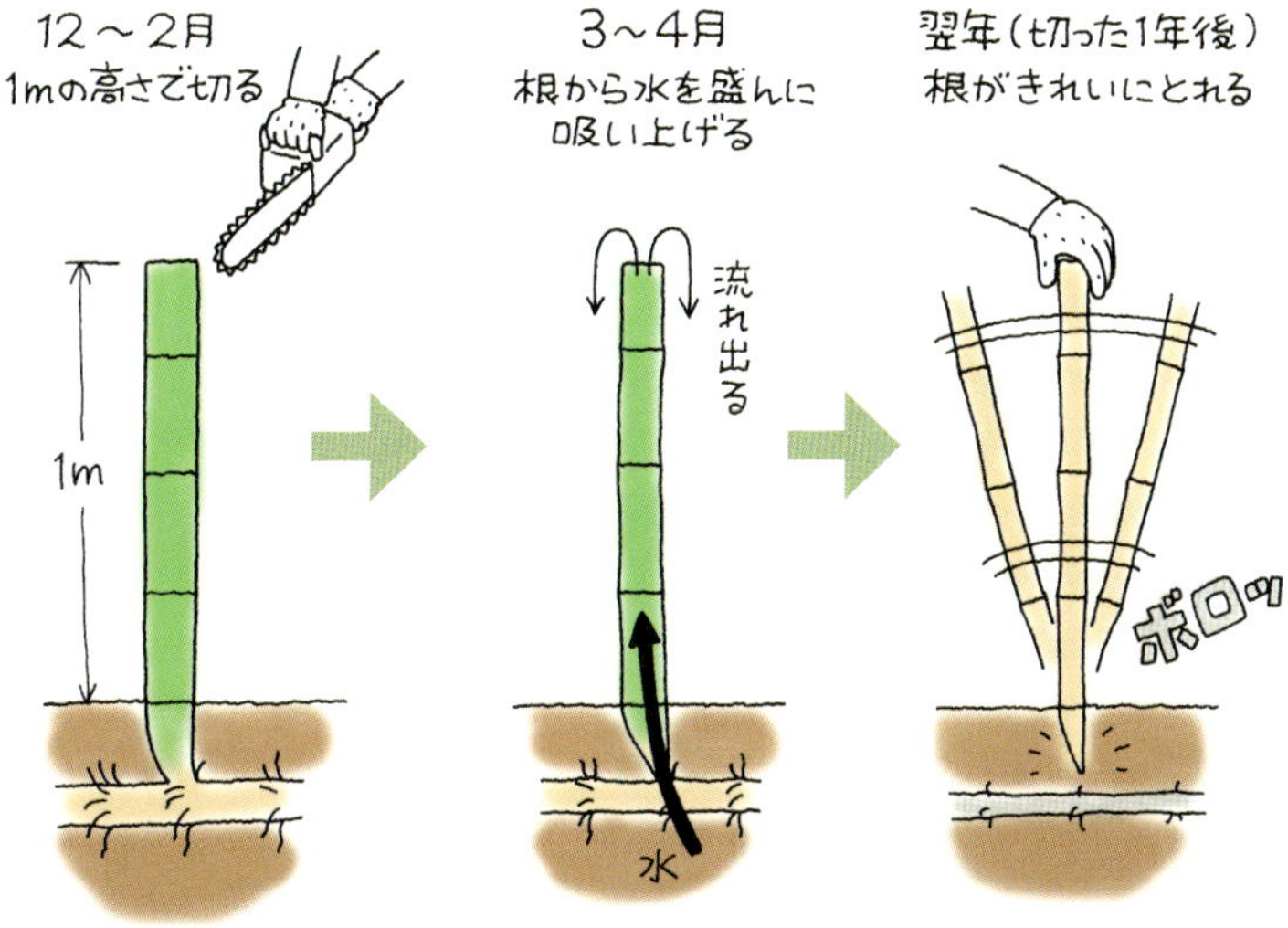
12～2月
1mの高さで切る
1m
3～4月
根から水を盛んに
吸い上げる
流れ出る
水
翌年（切った1年後）
根がきれいにとれる
ボロッ

1m切りした後の竹林

立ったまま腰の位置で作業できるので身体がラク（T）

が感知するようです」

確実に竹の根を枯らすこの一m切りは、「現代農業」の記事でも大反響をよんだ。群馬の林業試験場も興味を持ったようで、竹の種類や切る高さ、枯れるまでの年数などをこれから詳細に調べることになったそうだ。

## つまずかない　靴が破れない　切る作業がラクに

竹林内に切り株が残らないということも一m切りの優れた特徴だ。以前の地際切りでは地面から数㎝飛び出た切り株につまずいたり、つまずいた先にあった切り株でケガをしたりと、竹林作業の度に傷が絶えなかった。

それに、切り株は時間が経つにつれて切り口が裂けてくる。これが非常に厄介で、裂けた切り株を踏んでしまうと、安全靴でも破れてしまう。切り株を真上から踏んだ場合はまだいいが、安全靴は側面が弱い。一万円もした靴が二、三回の作業で次々にダメになってしまったものだ。

「一m切りはここからの発想なんですよ。頭に来て高い位置で切ってみた。すると靴も無事で歩きやすくなって、おまけに竹も枯れたんです」

一mの高さで切ることで作業自体もラクになった。低くかがんで竹を切るのは腰や足への負担が大きいが、一mなら立ったまま腰の位置で切ればいい。長時間の作業や斜面での作業でもじつに疲れにくい。

ちなみに、菊川さんが毎年一m切りをしている竹林では年々竹が細くなって、竹林の勢いが弱まっているそうだ。

「篠竹（小竹）を根絶するには三、四年かかるといわれているから、竹なら一〇年くらいですかね。竹林全体を枯らしたいなら一m切りを根気よく続けることですよ」

庭や畑に侵入する竹に悩まなくなる日も見えてきた。

1m切り やってみた！

DVDでもっとわかる

### 切り口の泡、白いカビが成功の印!?

神奈川県伊勢原市・今井虎太郎さん

自宅の作業場を広げるため、庭の孟宗竹の林をなんとか均したいと思っていた今井虎太郎くん。「現代農業」の記事を見て、「これはいいな」とさっそくやってみた。

3年やってみた結論としては、「すぐに枯れる竹と、そうでもない竹がある」。ひとつ気がついたことは、切り口に写真のような白いカビっぽいものがある竹はよく枯れているみたいで、足をかけてちょっと力を入れると簡単に押し倒せる。根っこごとゴソッと抜ける場合と根元が腐ってボキッと折れる場合があるが、どちらにせよよく枯れている。白いカビに見えるものは、春先にブクブクと泡のようなものが出てきて、そのあとが乾いたものなのだろう。

思い返してみれば、こういう竹は、真冬の1月あたりに切ったものに多い。そこで今井くん、今度は1月末に竹を多く切ってみたところ、思った通り3月に入った時点で続々と泡と白いカビの出る竹が出現。――手応えを感じた今井くんであった。

＊2011年5月号「切り口の泡、白いカビが成功の印!?」

枯れる竹は、こんなふうに切り口が白くなっている

# その他の竹の枯らし方

## ソバが竹の地下茎を枯らす!?

『現代農業』一九九八年五月号には、竹やササがはびこる荒地を開墾するときに、地上部を切ったらソバのタネを播くといいという記事があった。大分県佐伯市の守田権造さん（当時五〇歳）が、子どもの頃、おじいさんに教わったという話だ。ソバの花が咲く頃には、まわりの竹やササの地下茎がきれいに消えている。小さいテイラーで耕すと、しぶといはずの根っこが全然ひっかからなかったそうだ。

ソバの下には草が生えにくい（宇佐美卓哉撮影）

ソバが雑草との競合に強いことは昔から知られていたようだ。江戸時代の農書『農業全書』（宮崎安貞著、一六九七年刊行）には、「ソバはあくが強い作物なので、雑草の根はこれと接触して枯れる」との記述がある。

農業環境技術研究所の藤井義晴さんらのグループは、ソバのアレロパシー（他感作用）について研究し、普通ソバに比べるとダッタンソバのほうが他の植物の生育を阻害する作用が強いこと、普通ソバには品種間差があり、最上早生、みやざきおおつぶ、妙高在来などはダッタンソバに匹敵する活性があることを明らかにしている（『現代農業』一九九八年十二月号）。さらにその後の研究では、この生育阻害物質がルチンであることを突き止めた。ちなみに、ソバに豊富なルチンは、高血圧や動脈硬化の予防効果のある機能性成分としても知られている。

## 竹に効く除草剤の使い方

竹に効く除草剤は少ないが、ラウンドアップ・ハイロード／マックスロードを図のような竹稈注入処理で使う方法が農薬登録されている。

**ラウンドアップ・ハイロード／マックスロードの処理のしかた**

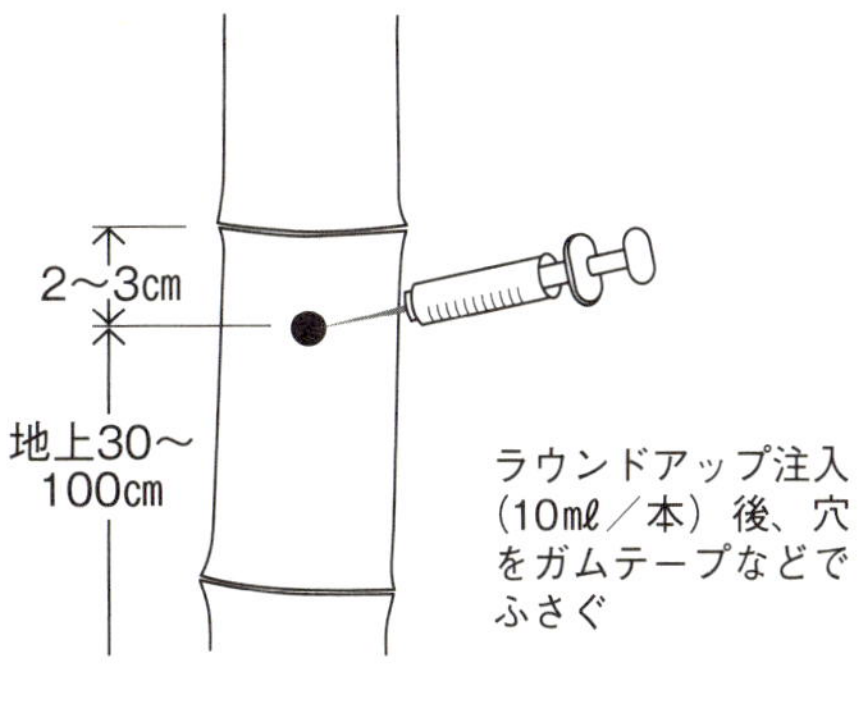
2〜3cm
地上30〜100cm
ラウンドアップ注入（10mℓ／本）後、穴をガムテープなどでふさぐ

# 荒れた竹林で役立つ機械

竹キング。小型バックホーに取り付け、竹をつかみながら切断できる

## ● 竹切り機「竹キング」●

竹をつかみながら切断、バックホー（パワーショベル）に装着するアタッチメント（往復配管が必要）。つかんだまま竹林から引き出せるうえ、必要な長さに切断（小割り）が可能。竹を集めたり、積み込んだりするにも、6～7本まとめてつかんで作業ができる。1日で150～200本以上の竹を安全に処理できる。

車体重量4ｔクラスの小型バックホーに装着できるタイプと7ｔクラス用タイプの2種類がある。価格はともに300万円程度。

問い合わせは㈱松田組（福岡県みやま市　TEL0944-22-5801）へ、製品の購入やレンタルの申し込みは、住友建機販売㈱九州統括部福岡南駐在（TEL0942-82-2178）まで

## ● ブッシュチョッパー & アースシェイバー ●

どんな竹ヤブでもあっという間に粉砕するブッシュチョッパー。直径が20㎝にもなるような孟宗竹でも問題ない。小木も15㎝くらいまで大丈夫。大型のトラクタ（80馬力以上）にも取り付けられるが、使い勝手がいいのはバックホーに装着して使う方法だ。傾斜地の竹ヤブでも自在に切断、粉砕。根元まで削れる（刈り高さ3㎝）ので、作業後に足で踏んでも安心。油圧モーターは42馬力。バケット容量0.45㎥クラス以上のバックホーに取り付けて、1時間当たり300～1000㎡の竹林を処理できる。

一方、ブッシュチョッパーに取り付けて、粉砕した竹などを集め、ダンプなどへの積み込みを可能にするのがアースシェイバー。集積能力は約1㎥。

定価はブッシュチョッパーが605万円、アースシェイバーが270万円。

問い合わせは㈲アグリパートナー宮崎（宮崎県川南町　TEL0983-27-6140）まで

ブッシュチョッパー。刈り幅は195㎝。太い孟宗竹もどんどん粉砕（倉持正実撮影、下も）

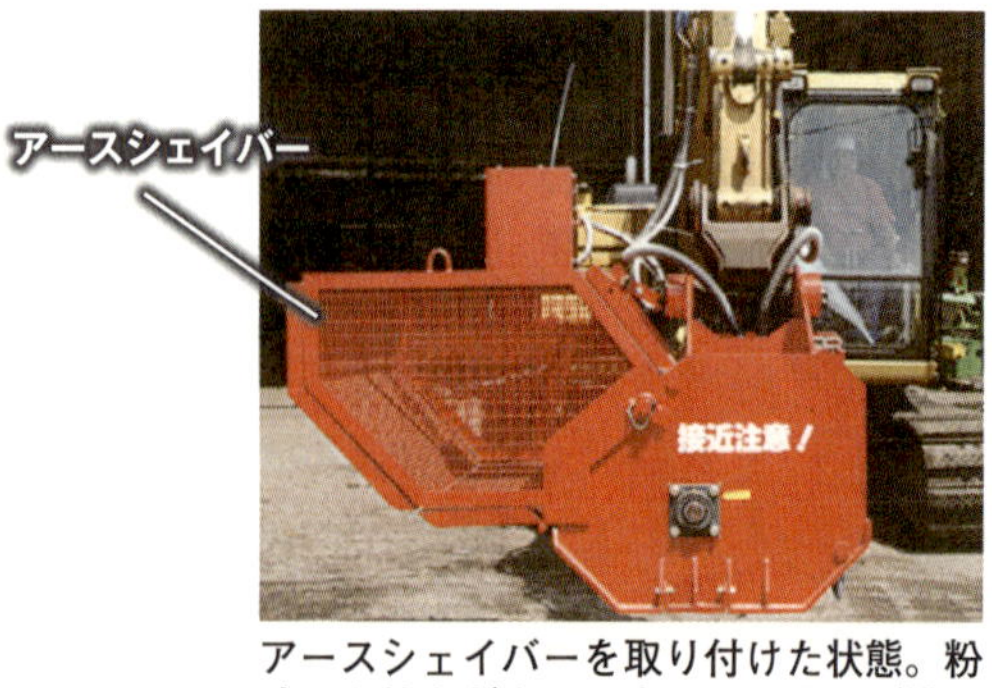


アースシェイバーを取り付けた状態。粉砕した竹などをこの中にため込む（排出時は下部が開く）

ハンマーナイフモアのような刈り刃（48枚）が高速回転する

**現代農業 特選シリーズ　DVDでもっとわかる 4**

# 竹　徹底活用術

**荒れた竹林を宝に変える！**


2012年8月30日　第1刷発行
2022年2月10日　第8刷発行

編者　一般社団法人　農山漁村文化協会

発行所　一般社団法人　農山漁村文化協会
〒107-8668　東京都港区赤坂7丁目6-1
電話　03(3585)1142(営業)　03(3585)1146(編集)
FAX　03(3585)3668　振替　00120-3-144478
URL　https://www.ruralnet.or.jp/

ISBN978-4-540-12156-2
〈検印廃止〉



DTP制作／㈱農文協プロダクション
印刷・製本／凸版印刷㈱
乱丁・落丁本はお取り替えいたします。